工程施工图识读入门系列丛书

装饰装修施工图识读入门

董 舫　于冬波　主编

中国建材工业出版社

图书在版编目(CIP)数据

装饰装修施工图识读入门/董舫,于冬波主编.—北京:中国建材工业出版社,2012.10
(工程施工图识读入门系列丛书)
ISBN 978-7-5160-0315-2

Ⅰ.①装… Ⅱ.①董… ②于… Ⅲ.①建筑装饰-建筑制图-识别 Ⅳ.①TU767

中国版本图书馆 CIP 数据核字(2012)第 237259 号

装饰装修施工图识读入门
本书编写组　编

出版发行:	中国建材工业出版社
地　　址:	北京市西城区车公庄大街6号
邮　　编:	100044
经　　销:	全国各地新华书店
印　　刷:	北京紫瑞利印刷有限公司
开　　本:	850mm×1168mm　1/32
印　　张:	10
字　　数:	308 千字
版　　次:	2012 年 10 月第 1 版
印　　次:	2012 年 10 月第 1 次
定　　价:	**26.00 元**

本社网址:www.jccbs.com.cn
本书如出现印装质量问题,由我社发行部负责调换。电话:(010)88386906
对本书内容有任何疑问及建议,请与本书责编联系。邮箱:dayi51@sina.com

内容提要

本书根据最新《房屋建筑制图统一标准》(GB/T 50001—2010) 和《房屋建筑室内装饰装修制图标准》(JGJ/T 244—2011) 进行编写,详细介绍了装饰装修工程施工图识读的基础理论和方法。全书主要内容包括装饰装修施工图识读基础、建筑施工图识读、装饰装修施工图识读、楼地面工程施工图识读、顶棚装修施工图识读、墙面施工图识读、门窗施工图识读、楼梯装修施工图识读、家具图识读、相关专业施工图识读等。

本书在编写内容上选取了入门基础知识,在叙述上尽量做到浅显易懂,可供装饰装修工程施工技术与管理人员使用,也可供高等院校相关专业师生学习时参考。

装饰装修施工图识读入门
编 写 组

主　编：董　舫　于冬波
副主编：王春晖
编　委：高会芳　李良因　马　静　张才华
　　　　梁金钊　孙邦丽　许斌成　蒋林君
　　　　何晓卫　秦大为　徐晓珍　葛彩霞
　　　　刘海珍　孙世兵

前 言

众所周知，无论是建造一幢住宅、一座公园还是一架大桥，都需要首先画出工程图样，其后才能按图施工。所谓工程图样，就是在工程建设中，为了正确地表达建筑物或构筑物的形状、大小、材料和做法等内容，将建筑物或构筑物按照投影的方法和国家制图统一标准表达在图纸上。工程图样是"工程界的技术语言"，是工程规划设计、施工不可或缺的工具，是从事生产、技术交流不可缺少的重要资料。工程技术人员在进行相关施工技术与管理工作时，首先要必须读懂施工图样。工程施工图的识读能力，是工程技术人员必须掌握的最基本的技能。

近年来，为了适应科学技术的发展，统一工程建设制图规则，保证制图质量，提高制图效率，做到图面清晰、简明，符合设计、施工、审查、存档的要求，满足工程建设的需要，国家对工程建设制图标准规范体系进行了修订与完善，新修订的标准规范包括《房屋建筑制图统一标准》（GB/T 50001—2010）、《总图制图标准》（GB/T 50103—2010）、《建筑制图标准》（GB/T 50104—2010）、《建筑结构制图标准》（GB/T 50105—2010）、《建筑给水排水制图标准》（GB/T 50106—2010）、《暖通空调制图标准》（GB/T 50114—2010）等。《工程施工图识读入门系列丛书》即是以工程建设领域最新标准规范为编写依据，根据各专业的制图特点，有针对性地对工程建设各专业施工图的内容与识读方法进行了细致地讲解。丛书在编写内容上，选取了入门基础知识，在叙述上尽量做到通俗易懂，以方便读者轻松地掌握工程图识读的基本要领，能够初步进行相关图纸的阅读，从而为能更好的工作和今后进一步深入学习打好基础。

丛书的编写内容包括各种投影法的基本理论与作图方法，各专业工程的相关图例，各专业工程施工相关知识，以及各专业施工图识读的方法与示例，在内容上做到基础知识全面、易学、易掌握，以满足初学者对施工图识读入门的需求。

本套丛书包括以下分册：
（1）建筑工程施工图识读入门
（2）建筑电气施工图识读入门
（3）水暖工程施工图识读入门
（4）通风空调施工图识读入门
（5）市政工程施工图识读入门
（6）装饰装修施工图识读入门
（7）园林绿化施工图识读入门
（8）水利水电施工图识读入门

本套丛书的编写人员大多是具有丰富工程设计与施工管理工作经验的专家学者，丛书内容是他们多年实践工作经验的积累与总结。丛书编写过程中参考或引用了部分单位和个人的相关资料，在此表示衷心感谢。尽管丛书编写人员已尽最大努力，但丛书中错误及不当之处在所难免，敬请广大读者批评、指正，以便及时修订与完善。

编　者

目 录

第一章 装饰装修施工图识读基础 (1)

第一节 投影概述 (1)
一、投影图形成 (1)
二、投影分类 (1)
三、常用投影图的种类 (3)
四、三面投影图形成及其规律 (5)

第二节 装饰装修施工图概述 (8)
一、装饰装修施工图的形成 (8)
二、装饰装修施工图的特点 (8)
三、装饰装修施工图图纸分类与编排 (10)
四、装饰装修施工图有关规定 (11)

第二章 建筑施工图识读 (26)

第一节 建筑施工图概述 (26)
一、建筑的基本组成 (26)
二、建筑施工图的分类 (26)
三、施工图识读注意事项 (27)

第二节 建筑总平面图 (27)
一、建筑总平面图的内容 (27)
二、建筑总平面图图例 (28)
三、建筑总平面图识读要点 (30)
四、新建建筑物的定位 (31)

第三节 建筑平面图 (32)
一、建筑平面图的形成 (32)
二、建筑平面图的分类 (32)
三、建筑平面图的内容 (33)

四、建筑平面图绘制要求 …………………………………… (34)
　第四节　建筑立面图 ………………………………………… (35)
　　一、建筑立面图的形成 ……………………………………… (35)
　　二、建筑立面图的内容 ……………………………………… (36)
　　三、建筑立面图绘图步骤 …………………………………… (36)
　　四、建筑立面图绘制要求 …………………………………… (37)
　第五节　建筑剖面图 ………………………………………… (37)
　　一、建筑剖面图的形成与作用 ……………………………… (37)
　　二、建筑剖面图的内容 ……………………………………… (39)
　　三、建筑剖面图绘制要求 …………………………………… (39)
　　四、建筑剖面图识读要点 …………………………………… (39)
　第六节　建筑详图 …………………………………………… (41)
　　一、建筑详图的形成 ………………………………………… (41)
　　二、建筑详图绘制要求 ……………………………………… (41)
　　三、建筑详图的内容 ………………………………………… (42)

第三章　装饰装修施工图识读 ………………………………… (48)

　第一节　看图步骤 …………………………………………… (48)
　　一、一般规定 ………………………………………………… (48)
　　二、装饰装修施工图看图步骤 ……………………………… (48)
　第二节　装饰装修工程平面图 ……………………………… (51)
　　一、装饰装修平面图简介 …………………………………… (51)
　　二、平面装饰布置图的内容和表示方法 …………………… (51)
　第三节　装饰装修工程立面图 ……………………………… (52)
　　一、装饰装修工程立面图简介 ……………………………… (52)
　　二、装饰装修工程立面图内容 ……………………………… (53)
　　三、室外立面装饰图 ………………………………………… (53)
　　四、室内立面装饰图 ………………………………………… (53)
　　五、装饰立面图识读 ………………………………………… (55)
　第四节　装饰装修工程剖面图 ……………………………… (57)
　　一、装饰装修工程剖面图简介 ……………………………… (57)
　　二、装饰装修工程剖面图内容 ……………………………… (57)

三、装饰装修工程剖面图识读要点 …………………………… (58)
　第五节　装饰装修工程详图 ……………………………………… (61)
　　一、装饰装修工程详图简介 …………………………………… (61)
　　二、装饰装修工程节点详图 …………………………………… (61)
　　三、装饰装修工程构配件详图 ………………………………… (66)
　　四、装饰装修工程详图识读示例 ……………………………… (70)

第四章　楼地面工程施工图识读 …………………………… (75)
　第一节　楼地面概述 ……………………………………………… (75)
　　一、楼地面构造组成 …………………………………………… (75)
　　二、室内楼地面的分类 ………………………………………… (76)
　　三、楼地面装饰构造 …………………………………………… (76)
　　四、楼地面特殊部位构造图识读 ……………………………… (94)
　第二节　楼地面施工图识读 ……………………………………… (102)
　　一、装饰地面布置图识读 ……………………………………… (102)
　　二、楼地面平面图识读 ………………………………………… (104)
　　三、楼地面详图识读 …………………………………………… (105)

第五章　顶棚装修施工图识读 ……………………………… (107)
　第一节　顶棚概述 ………………………………………………… (107)
　　一、顶棚构造组成 ……………………………………………… (107)
　　二、顶棚的分类 ………………………………………………… (108)
　　三、各种吊顶构造 ……………………………………………… (110)
　　四、顶棚基层布置 ……………………………………………… (110)
　第二节　悬挂式吊顶装饰构造 …………………………………… (111)
　　一、抹灰吊顶 …………………………………………………… (111)
　　二、金属吊顶构造 ……………………………………………… (113)
　　三、轻钢龙骨吊顶 ……………………………………………… (116)
　　四、木质格栅吊顶 ……………………………………………… (121)
　　五、网格吊顶构造 ……………………………………………… (124)
　　六、保温吸声顶棚 ……………………………………………… (125)
　　七、天花板(顶棚)装饰图 ……………………………………… (127)

第三节　顶棚特殊部位装饰构造 ……………………… (128)
　一、顶棚装饰线脚 ……………………………………… (128)
　二、顶棚空调风口构造 ………………………………… (128)
第四节　顶棚平面图 …………………………………… (128)
　一、顶棚平面图的形成与表达 ………………………… (128)
　二、顶棚平面图的图示内容 …………………………… (129)
　三、顶棚平面图识读要点 ……………………………… (130)

第六章　墙面施工图识读 …………………………… (132)

第一节　墙体概述 ……………………………………… (132)
　一、墙的类型 …………………………………………… (132)
　二、墙体的作用 ………………………………………… (133)
第二节　墙体细部构造 ………………………………… (133)
　一、勒脚 ………………………………………………… (133)
　二、防潮层 ……………………………………………… (134)
　三、明沟与散水 ………………………………………… (135)
　四、窗台 ………………………………………………… (136)
　五、过梁 ………………………………………………… (136)
　六、圈梁与构造柱 ……………………………………… (138)
第三节　墙面饰面工程 ………………………………… (142)
　一、墙面装修的类型 …………………………………… (142)
　二、抹灰类装饰构造 …………………………………… (143)
　三、贴面类装饰构造 …………………………………… (155)
　四、涂料类 ……………………………………………… (155)
　五、裱糊与软包类 ……………………………………… (156)
　六、铺钉类 ……………………………………………… (157)

第七章　门窗施工图识读 …………………………… (158)

第一节　门装修施工图识读 …………………………… (158)
　一、概述 ………………………………………………… (158)
　二、门的类型、代号及图例 …………………………… (164)
　三、木门的构造 ………………………………………… (170)

四、金属门的构造 ································· (182)
　　五、门装饰施工图识读 ··························· (184)
第二节　窗装修施工图识读 ··························· (187)
　　一、概述 ··· (187)
　　二、窗的类型、代号及图例 ······················ (193)
　　三、窗的构造 ····································· (197)
　　四、常见窗施工图识读 ··························· (203)
　　五、窗的安装 ····································· (209)
第三节　典型门窗构造图识读 ························ (211)
　　一、铝合金门窗 ·································· (211)
　　二、彩板钢门窗 ·································· (213)
　　三、塑料门窗 ····································· (217)
第四节　装饰门窗详图识读 ··························· (221)
　　一、门窗装饰构造详图 ··························· (221)
　　二、装饰门详图识读 ······························ (223)
　　三、门窗图样识读 ································ (225)

第八章　楼梯装修施工图识读 ···················· (227)

第一节　楼梯概述 ····································· (227)
　　一、楼梯的组成 ·································· (227)
　　二、楼梯分类 ····································· (229)
　　三、楼梯的设置与尺度 ··························· (230)
第二节　楼梯细部构造 ································ (235)
　　一、踏步构造做法 ································ (235)
　　二、扶手构造做法 ································ (237)
第三节　楼梯详图识读 ································ (240)
　　一、楼梯平面详图识读 ··························· (240)
　　二、楼梯剖面详图识读 ··························· (241)
　　三、楼梯节点详图识读 ··························· (242)

第九章　家具图识读 ································· (245)

第一节　家具图识读一般规定 ······················· (245)

一、图线与比例的形式………………………………………(245)
　二、尺寸标注…………………………………………………(246)
　三、家具图常用图例…………………………………………(253)
第二节　家具的分类、作用与尺度………………………………(259)
　一、家具的分类………………………………………………(259)
　二、家具的作用………………………………………………(262)
　三、家具的尺度设置…………………………………………(263)
第三节　家具施工图识读…………………………………………(265)
　一、家具结构图识读…………………………………………(265)
　二、家具零件图和部件图识读………………………………(266)
　三、家具组装图识读…………………………………………(269)
　四、家具立体图识读…………………………………………(273)
　五、局部节点图识读…………………………………………(274)

第十章　相关专业施工图识读………………………………(275)

第一节　室内给排水施工图识读…………………………………(275)
　一、室内给排水系统的组成与分类…………………………(275)
　二、室内给排水施工图识读要点……………………………(280)
第二节　采暖施工图识读…………………………………………(289)
　一、暖通工程组成与分类……………………………………(289)
　二、采暖施工图识读要点……………………………………(290)
第三节　空调施工图识读…………………………………………(293)
　一、空调系统的组成与分类…………………………………(293)
　二、空调施工图识读要点……………………………………(295)
第四节　电气施工图识读…………………………………………(297)
　一、电气施工图概述…………………………………………(297)
　二、图形符号和文字符号……………………………………(299)
　三、电气工程施工图识读要点………………………………(302)
　四、变配电工程施工图识读要点……………………………(303)
　五、电气照明工程施工图识读要点…………………………(305)
　六、动力工程施工图识读……………………………………(307)

参 考 文 献……………………………………………………(308)

第一章 装饰装修施工图识读基础

第一节 投影概述

一、投影图形成

在光线的照射下,物体在地面或墙面上会出现影子,影子的形状大小会随着光线的角度或距离的变化而变化,这一现象称为投影现象。通过这一自然现象,我们知道要产生影子必须存在三个条件,即光线、物体、承影面。人们将这种自然现象应用到工程制图上来,用相关的制图术语来形容这三个条件,即投影线、形体、投影面。

在制图中,把发出光线的光源称为投影中心,光线称为投射线,光线的射向称为投射方向,落影的平面(如地面、墙面等)称为投影面,影子的内外轮廓称为投影,用投影表示物体的形状和大小的方法称为投影法,用投影法画出的物体图形称为投影图。制图上投影图的形成如图1-1所示。

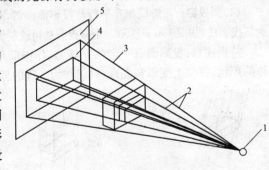

图 1-1 投影图的形成
1—投影中心;2—投射线;3—投射方向;
4—投影图;5—投影面

二、投影分类

建筑装饰装修工程图的绘制是以投影法为依据的,工程常用的投影法分为中心投影法和平行投影法两种类型。

1. 中心投影法

投影线由一点引出,对形体进行投影的方法称为中心投影,如图 1-2 所示。图 1-3 表示图中的投影面在光源与物体之间,这时所得的投影又称透视投影。

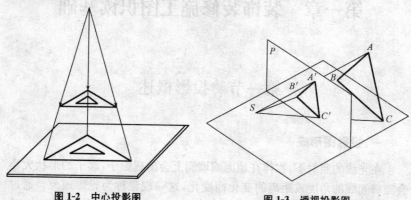

图 1-2 中心投影图　　　　　图 1-3 透视投影图

2. 平行投影法

由相互平行的投射线所产生的投影称为平行投影。根据投影线与投影面的夹角不同,平行投影又可分为斜投影和正投影两种,如图 1-4 所示。

(1)斜投影。投影线相互平行与投影面倾斜,对形体进行投影的方法称为斜投影法,如图 1-4(a)所示。用斜投影法可绘制斜轴测图,如图 1-5 所示。

特别注意:投影图有一定的立体感,作图简单,但不能准确地反映物体的形状,视觉上变形和失真,只能作为工程的辅助图样。

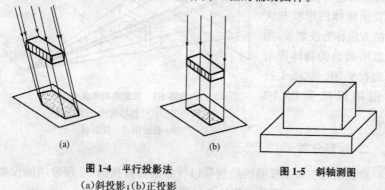

图 1-4 平行投影法　　　　　图 1-5 斜轴测图
(a)斜投影;(b)正投影

(2)正投影。投影射线相互平行且与投影面垂直,对形体进行投影的方法称为正投影法,如图 1-4(b)所示。在工程图样中用得最广泛的是正投影,我们把运用正投影法绘制的图形称为正投影图。

特别注意:在投影图中,可见轮廓画成实线,不可见的画成虚线,如图 1-6 所示。

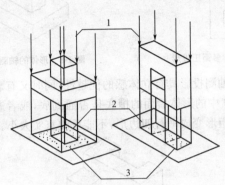

图 1-6 正投影图
1—投影线;2—投影面;3—正投影图

三、常用投影图的种类

为了清楚地表示不同的工程对象,满足工程建设的需要,在工程中人们利用上述的投影方法,总结出四种常用投影图:多面正投影图、轴测投影图、透视投影图和标高投影图。

1. 多面正投影图

采用相互垂直的两个或两个以上的投影面,按正投影方法在每个投影面上分别获得同一物体的正投影,然后按规则展开在一个平面上,便得到物体的多面正投影图,如图 1-7 所示。

特别注意:这种图样是建筑工程中最主要的图样,能如实地反映形体各主要侧面的形状和大小,便于度量。其缺点是直观性较差,投影图的识图较难。

2. 轴测投影图

轴测投影图也称立体图,是运用平行投影的原理,只需在一个投影图上做出的具有较强立体感的单面投影图,如图 1-8 所示。

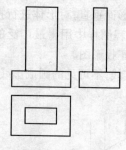 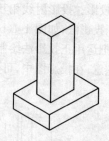

图1-7 多面正投影　　　　图1-8 形体的轴测投影图

特别注意：轴测投影具有立体感的优越性，同时又有表达形体不完全的缺点，如图1-9中的形体后面的槽底是否通到底，或者通到什么地方不清楚，侧面也由矩形变成平行四边形，不能反映真实大小。

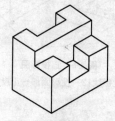

图1-9 垫座的正投影图和轴测图

3. 透视投影图

运用中心投影的原理绘制的具有逼真立体感的单面投影图称为透视投影图，简称透视图。透视图是形体在一个投影面上的中心投影，形象逼真，但绘制较复杂，如图1-10所示。

特别注意：透视投影图形体的尺寸不能在投影图中度量和标注，所以不能作为施工的依据，仅用于建筑及室内设计等方案的比较以及美术、广告等。

4. 标高投影图

标高投影图是一种带有数字标记的单面正投影。在建筑工程中常用来绘制地形图和道路、水利工程等方面的平面布置的图样，它是地面或土木建筑物在一个水平面上的正投影图。

作图时，用一组上下等距的水平剖切平面剖切地面，其交线反映在投影图上称为等高线。

将不同高度的等高线自上而下投影在水平投影面上时,便可得到等高线图,称为标高投影图,如图 1-11 所示。

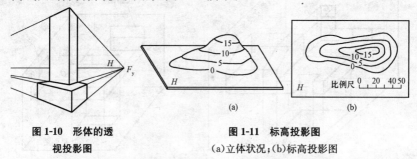

图 1-10 形体的透视投影图

图 1-11 标高投影图
(a)立体状况;(b)标高投影图

四、三面投影图形成及其规律

1. 三面正投影图的建立

工程中通常把物体放在由三个互相垂直的平面所组成的投影系(称之为三面投影系)中,如图 1-12 所示,向三个投影面分别进行正投射,这就得到物体的三个正投影图,称之为三面正投影。

物体在一个投影面上的投影称为单面视图,物体在两个互相垂直的投影面上的投影称为两面视图,上述两种视图都不能确定出空间物体的唯一准确形状。

三个投影面之间两两相交,形成相互垂直的三根投影轴 OX、OY、OZ,三根轴的交点 O,称为原点。

2. 三面正投影图的形成

将物体置于 H 面之上,V 面之前,W 面之左的空间,如图 1-13 所示,按箭头所指的投影方向分别向三个投影面作正投影。

在土木工程图样中,把平行于水平面的投影称作水平投影面,用(H)表示(简称平面图);与水平投影面垂直,位于观察者正对面的投影面称为正立投影面,用字母 V 表示,形体从前向后的正投影为正立面投影(简称正面图);水平投影面与正立投影面的右侧再增加一个投影面——侧立投影面,用字母 W 表示,形体在侧立面上的投影称为侧面投影(简称侧面图)。在其他工程图样中,它们又被称为"俯视图、立视图、左视图"。

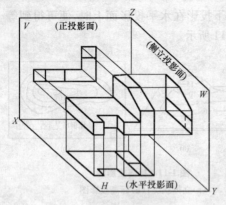
图 1-12 三面投影体系的建立

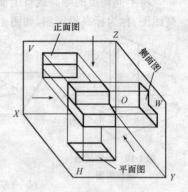
图 1-13 投影图的形成

注意事项:形体的水平投影反映了形体的长度和宽度,形体的正立面投影反映了形体的长度和高度,侧面投影反映形体的宽度和高度。

3. 三面正投影图的展开

为了作图的方便,作形体投影图后,需要把三面投影展开。将投影面展开,V 面不动,H 面绕 OX 轴向下旋转 90°与 V 面重合,W 面绕 OZ 轴向右旋转 90°与 V 面重合,如图 1-14(a)所示。投影面展开后,如图 1-14(b)所示。工程中将这三个投影图,称为"三视图",并去掉轴,如图 1-14(c)所示。可见轮廓用粗实线画出,不可见的轮廓用虚线画出,用点画线表示物体的中心或轴线。

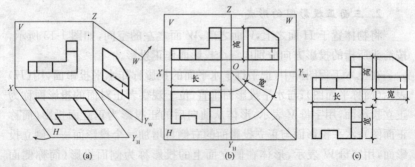
图 1-14 三面正投影图的形成及规律

4. 三面正投影图的投影规律

(1)三面正投影之间的关系。物体的三视图,反映出物体长、宽、高三个方向的尺度。如一个四棱柱,当它的正面确定之后,其左右两个侧面之间的垂直距离称为长度;前后两个侧面之间的垂直距离称为宽度;上下两个平面之间的垂直距离称为高度,如图 1-15 所示。在展开投影面后这些规律可归纳为:

主视图与俯视图:长对正(主俯长对正);

主视图与左视图:高平齐(主左高平齐);

俯视图与左视图:宽相等(主俯宽相等)。

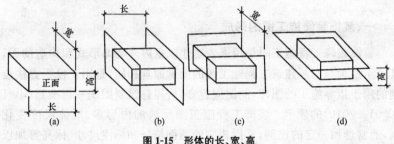

图 1-15 形体的长、宽、高

"长对正,高平齐,宽相等"是三面正投影之间的最基本的投影规律[图 1-16(a)],它不仅适用于简单物体的整体分析,而且适用于复杂物体的每个局部的细节分析。

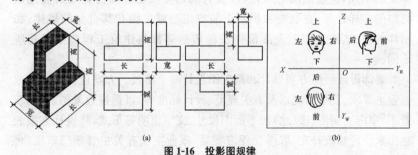

图 1-16 投影图规律

(a)投影对应规律;(b)方位对应规律

(2)物体在三面正投影图中反映的方向。方位对应规律是指各投影图之间在方向位置上相互对应。物体有上、下、左、右、前、后六个方向,每个正投影仅能反映四个方向,正面投影反映上、下、左、右,水平投影反映左、右、前、后,侧面投影反映上、下、前、后,如图1-16所示。在展开投影面之后这些规律可归纳为:

正面投影与水平投影:长对正,长分左右;
正面投影与侧面投影:高平齐,高分上下;
水平投影与侧面投影:宽相等,宽分前后。

第二节　装饰装修施工图概述

一、装饰装修施工图的形成

装饰装修工程施工图是用来表达建筑室内外装饰形式和构造的图,其图示原理与房屋建筑工程施工图的图示原理相同,是用正投影方法绘制的用于指导施工的图样,制图应遵守《房屋建筑制图统一标准》(GB/T 50001—2010)的规定。装饰工程施工图反映的内容多、形体尺度变化大,通常选用一定的比例,采用相应的图例符号和标注尺寸、标高等加以表达,必要时绘制透视图、轴测图等辅助表达,以利于识读。装饰装修工程施工图一般由装饰设计说明、平面布置图、楼(地)面平面图、顶棚平面图、室内立面图、墙(柱)面装饰剖面图、装饰详图等图样组成,由于设计深度的不同,构造做法的细化,以及为满足使用功能和视觉效果而选用材料的多样性等,在制图和识图上装饰工程施工图有其自身的规律,如图样的组成、施工工艺及细部做法的表达等都与建筑工程施工图有所不同。

装饰设计经历方案设计和施工图设计两个阶段。方案设计阶段是根据业主要求、现场情况以及有关规范、设计标准等,以透视效果图、平面布置图、室内立面图、楼(地)面平面图尺寸、文字说明等形式,将设计方案表达出来。经修改补充,取得合理方案后,报业主或有关主管部门审批,再进入施工图设计阶段。施工图设计是装饰设计的主要程序。

二、装饰装修施工图的特点

装饰装修工程施工图与建筑施工图在绘图原理和图示标识方式上有

许多方面基本上是一致的,但由于专业分工不同,图示内容不同,所以也存在一定的差异。

(1)装饰装修工程工程涉及面较广,空间界面多,内容多。它不仅与建筑有关,而且与水、暖、电等设备有关,还与家具、陈设、绿化及各种室内配套产品有关。因此,装饰施工图需要表达多种专业内容和多种空间界面,通常会出现建筑制图、家具制图、园林制图和接卸制图多种画法并存的现象。如图1-17所示局部电视柜大样图是家具制图,其中包含有灯具。

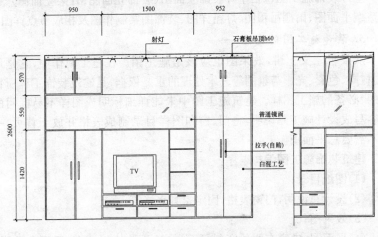

图1-17 电视柜大样图

(2)细部尺寸多,比例较大,为了符合施工要求,装饰施工图不仅要表明建筑的基本结构(装饰设计的依据),还要表明装饰的形式、结构与构造,细部尺寸就显得非常多。

(3)装饰施工图图例无统一标准,多是在流行中互相沿用,故需加文字说明。

(4)标准定型化设计少,可选择的标准图不多,因此大部分装饰配件需画详图表明其构造。

(5)细腻、生动,装饰施工图对细部描绘比建筑施工图更细腻,使图像真实、生动,并具有一定的装饰感,让人一目了然,这样构成了装饰施工图自身形式上的特点。

三、装饰装修施工图图纸分类与编排

1. 室内装饰图

室内装饰施工图包括设计说明、室内装饰平面图、装饰立面图、装饰剖面图、装饰构配件详图和装饰节点详图。

2. 室外装饰图

室外装饰施工图包括室外装饰立面图(装饰立面图、骨架立面图)、装饰造型平面图、雨棚吊顶图、灯箱详图、装饰图案制作图及相应节点详图。

3. 装饰施工图的编排

从某种意义上讲,效果图也应该是施工图。在施工制作中,它是形象、材质、色彩、光影与氛围等艺术处理的重要依据,是建筑装饰工程所特有的、必备的施工图样。建筑施工图中未能详细标明或图样不易标明的内容写成设计施工总说明,将门、窗和图样目录制成表格并放于首页,一般不需要总平面图。

建筑装饰施工图编排顺序:

(1)图纸目录;

(2)设计总说明,门窗表格,固定家具表格等。

(3)效果图;

(4)平面图:内容有原始资料平面图、地面装饰平面图、平面布置图、顶棚图等;

(5)立面图;

(6)剖面图;

(7)大样图:玄关(隔断)大样图、垭口大样图、背景墙大样图、餐厅(背景)大样图、窗套大样图等;

(8)节点详图;

(9)水、电平面图:原始资料平面图,改造后的水、电平面布置图;

(10)设备图等。

装饰装修工程施工图简称"饰施",室内设备施工图可简称为"设施";也可按工种不同,分别简称为"水施"、"电施"和"暖施"等。

4. 图样目录及设计说明

装饰施工图同样有自己的目录,包括图别、图号、图样内容,采用标准

图集代号、备注等。某住宅室内装饰施工图的图样及设计说明实例如图1-18所示,图别中的"饰施"表示装饰施工图的简称,图号中的"1"即图样的第一页。

图别	图号	图样内容	采用标准图集代号	备注
饰施	1	图样目录及设计说明		
饰施	2	平面布置图		
饰施	3	地面平面图		
饰施	4	顶杆平面图		
饰施	5	室内立面图		
饰施	6	客厅墙身剖面图		
饰施	7	装饰详图		

设计说明

1. 本工程为某市××小区A区502楼单元,总建面积:1000m^2。
2. 设计依据:根据甲方提供的方案及要求进行施工图设计。
3. 设计标高:±0.000相当于绝标高,详见总平面图。
4. 建筑耐久年限:二级;耐火等级为二级。
5. 结构形式为砖混,抗震设防烈度为七级。
6. 墙体材料:采用黏土实心砖,外墙厚360,内墙厚240,局部隔墙采用80厚。
7. 内装修:详见室内装修做法。
8. 油漆:木材面详98J1油6,金属面详98J1油22,木门颜色为乳黄色。
9. 屋面做法:墙身大样详图
10. 外装修为天然彩砂,颜色见立面图。
11. 凡入墙贴墙(地)木料均刷沥青两道防腐。
12. 凡露明铁件均须除锈后刷防腐漆两道,调和漆两道。
13. 本工程未尽事宜应严格按照国家有关规范进行施工和处理。

图1-18 住宅室内装饰施工图图样实例

四、装饰装修施工图有关规定

(一)图样比例

1. 图纸规格

图纸规格就是图纸幅面大小的尺寸。为使房屋建筑制图清晰简明,符合设计、施工、存档等要求,保证图面质量,以适应工程建设的需要,我国制订了《房屋建筑制图统一标准》(GB/T 50001—2010)。

图纸幅面的基本尺寸规定有5种,其代号分别为A0、A1、A2、A3和A4。各号图纸幅面尺寸和图框形式、图框尺寸都有明确规定,各类尺寸大小见表1-1,图纸格式如图1-19所示。

表 1-1　　　　　　　　　幅面及图框尺寸　　　　　　　　　　mm

幅面代号 尺寸代号	A0	A1	A2	A3	A4
$b×l$	841×1189	594×841	420×594	297×420	210×297
c			10		5
a			25		

注:表中 b 为幅面短边尺寸,l 为幅面长边尺寸,c 为图框线与幅面线间宽度,a 为图框线与装订边间宽度。

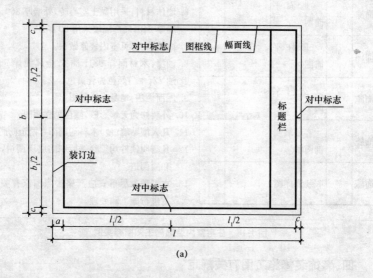

(a)

图 1-19　图纸格式(一)

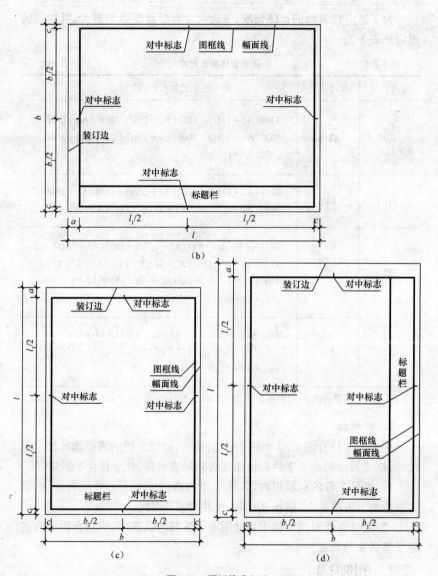

图 1-19　图纸格式(二)
(a)A0～A3 横式幅面(一);(b)A0～A3 横式幅面(二);
(c)A0～A4 立式幅面(一);(d)A0～A4 立式幅面(二)

为了适应建筑物的具体情况,平面尺寸有时需要适当放大,其加长的规定见表 1-2。

表 1-2　　　　　　　　图纸长边加长尺寸　　　　　　　　　　mm

幅面代号	长边尺寸	长边加长后的尺寸
A0	1189	1486(A0+1/4l)　1635(A0+3/8l)　1783(A0+1/2l) 1932(A0+5/8l)　2080(A0+3/4l)　2230(A0+7/8l) 2378(A0+l)
A1	841	1051(A1+1/4l)　1261(A1+1/2l)　1471(A1+3/4l) 1682(A1+l)　1892(A1+5/4l)　2102(A1+3/2l)
A2	594	743(A2+1/4l)　891(A2+1/2l)　1041(A2+3/4l) 1189(A2+l)　1338(A2+5/4l)　1486(A2+3/2l) 1635(A2+7/4l)　1783(A2+2l)　1932(A2+9/4l) 2080(A2+5/2l)
A3	420	630(A3+1/2l)　841(A3+l)　1051(A3+3/2l) 1261(A3+2l)　1471(A3+5/2l)　1682(A3+3l) 1892(A3+7/2l)

注:有特殊需要的图纸,可采用 $b×l$ 为 841mm×891mm 与 1189mm×1261mm 的幅面。

2. 标题栏

标题栏应符合图 1-20 和图 1-21 的规定,根据工程的需要选择确定其尺寸、格式及分区。签字栏应包括实名列和签名列,并应符合下列规定:

(1)涉外工程的标题栏内,各项主要内容的中文下方应附有译文,设计单位的上方或左方,应加"中华人民共和国"字样。

(2)在计算机制图文件中当使用电子签名与认证时,应符合国家有关电子签名法的规定。

(二)图例符号

装饰工程图例符号应遵守《房屋建筑制图统一标准》(GB/T 50001 2010)的相关规定,同时还可采用表 1-3 所示的图例。

第一章 装饰装修施工图识读基础

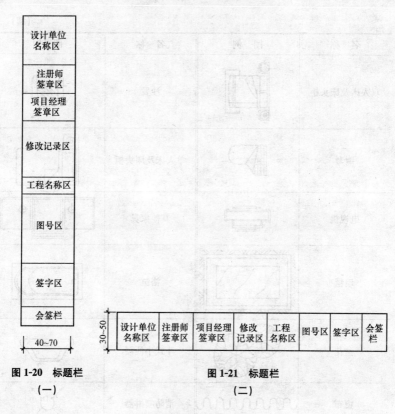

图 1-20 标题栏（一）

图 1-21 标题栏（二）

表 1-3　　　　　装饰工程施工图常用图例

名　称	图　例	名　称	图　例
单扇门		嵌灯	○
双扇内外开弹簧门		台灯或落地灯	
各类器皿		双扇门	

(续)

名　称	图　例	名　称	图　例
双人床及床头柜		沙发	
钢琴		单人床及床头柜	
电视机		其他家具	
地毯		浴缸	
盆花		斗式小便器	
窗布		消防喷淋器	
吸顶灯		洗脸盆	
吊灯		座式便器	
消防烟感器		蹲式大便器	
盥洗台		妇女卫生盆	

(三)其他制图要求

1. 图线

(1)线型分类。图线的宽度应根据图样的复杂程度和比例,按《房屋建筑制图统一标准》(GB/T 50001—2010)中图线的有关规定选用。其中图线应根据图纸功能按表 1-4 规定的线型选用。

表 1-4 图线

名称		线型	线宽	用途
实线	粗	——————	b	主要可见轮廓线
	中粗	——————	$0.7b$	可见轮廓线
	中	——————	$0.5b$	可见轮廓线、尺寸线、变更云线
	细	——————	$0.25b$	图例填充线、家具线
虚线	粗	— — — —	b	见各有关专业制图标准
	中粗	— — — —	$0.7b$	不可见轮廓线
	中	— — — —	$0.5b$	不可见轮廓线、图例线
	细	— — — —	$0.25b$	图例填充线、家具线
单点长画线	粗	—·—·—	b	见各有关专业制图标准
	中	—·—·—	$0.5b$	见各有关专业制图标准
	细	—·—·—	$0.25b$	中心线、对称线、轴线等
双点长画线	粗	—··—··—	b	见各有关专业制图标准
	中	—··—··—	$0.5b$	见各有关专业制图标准
	细	—··—··—	$0.25b$	假想轮廓线、成型前原始轮廓线
折断线	细	∼∼∼	$0.25b$	断开界线
波浪线	细	～～～	$0.25b$	断开界线

同一张图纸内,相同比例的各图样,应选用相同的线宽组。每个图样,应根据复杂程度与比例大小,先选定基本线宽,再选用表 1-5 中相应的线宽组。

表 1-5　　　　　　　　　　　线宽组　　　　　　　　　　　　mm

线宽比	线 宽 组			
b	1.4	1.0	0.7	0.5
$0.7b$	1.0	0.7	0.5	0.35
$0.5b$	0.7	0.5	0.35	0.25
$0.25b$	0.35	0.25	0.18	0.13

注：1. 需要缩微的图纸，不宜采用 0.18mm 及更细的线宽。
　　2. 同一张图纸内，各不同线宽中的细线，可统一采用较细的线宽组的细线。

（2）线条的种类和用途。线条的种类有定位轴线、剖面的剖切线、引出线、图框线等多种。

1）定位轴线。

①定位轴线应用细单点长画线绘制。

②定位轴线应编号，编号应注写在轴线端部的圆内。圆应用细实线绘制，直径为 8～10mm。定位轴线圆的圆心，应在定位轴线的延长线上或延长线的折线上。

③除较复杂需采用分区编号或圆形、折线形外，平面图上定位轴线的编号，宜标注在图样的下方与左侧。横向编号应用阿拉伯数字，按从左至右顺序编写，竖向编号应用大写拉丁字母，按从下至上顺序编写（图1-22）。

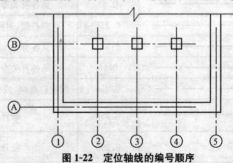

图 1-22　定位轴线的编号顺序

④拉丁字母作为轴线时，应全部采用大写字母，不应用同一个字母的大小写来区分轴线号。拉丁字母的 I、O、Z 不得用做轴线编号。如字母数量不够使用，可增用双字母或单字母加数字注脚。

⑤组合较复杂的平面图中定位轴线也可采用分区编号（图 1-23），编号的注写形式应为"分区号—该分区编号"，采用阿拉伯数字或大写拉丁

字母表示。

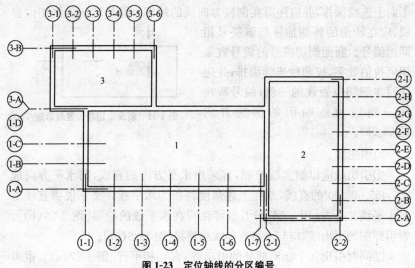

图 1-23　定位轴线的分区编号

⑥附加定位轴线的编号,应以分数形式表示,并应符合下列规定:两根轴线,应以分母表示前一轴线的编号,分子表示附加轴线的编号。编号宜用阿拉伯数字顺序编写。1号轴线或 A 号轴线之前的附加轴线的分母应以 01 或 0A 表示。

2)剖切线。剖视的剖切符号应由剖切位置线及剖视方向线组成,均应以粗实线绘制。剖切位置线的长度宜为 6～10mm;投射方向线应垂直于剖切位置线,长度应短于剖切位置线,宜为 4～6mm[图 1-24(a)]。也可采用国际统一和常用的剖视方法[图 1-24(b)]。绘制时,剖视剖切符号不应与其他图线相接触。

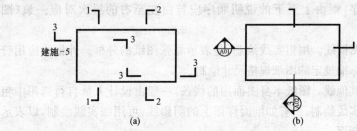

图 1-24　剖面的剖切线位置表示法

剖视剖切符号的编号宜采用粗阿拉伯数字,按剖切顺序由左至右、由下向上连续编排,并应注写在剖视方向线的端部。需要转折的剖切位置线,应在转角的外侧加注与该符号相同的编号。断面剖切符号的编号宜采用阿拉伯数字,按顺序连续编排,并应注写在剖切位置线的一侧;编号所在的一侧应为该断面的剖视方向(图1-25)。

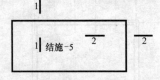

图1-25 断面剖切线位置表示法

3)引出线。

①引出线应以细实线绘制,宜采用水平方向的直线,与水平方向成30°、45°、60°、90°的直线,或经上述角度再折为水平线。文字说明宜注写在水平线的上方[图1-26(a)],也可注写在水平线的端部[图1-26(b)]。索引详图的引出线,应与水平直径线相连接[图1-26(c)]。

②同时引出几个相同部分的引出线,宜互相平行[图1-27(a)],也可画成集中于一点的放射线[图1-27(b)]。

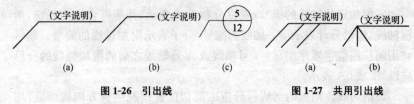

图1-26 引出线 　　　　　图1-27 共用引出线

③多层构造或多层管道共用引出线,应通过被引出的各层,并用圆点示意对应各层次。文字说明宜注写在水平线的上方,或注写在水平线的端部,说明的顺序应由上至下,并应与被说明的层次对应一致;如层次为横向排序,则由上至下的说明顺序应与由左至右的层次对应一致(图1-28)。

4)图框线。用粗实线绘制,是表示每张图纸的外框。外框线应用符合国家标准规定的图纸规格尺寸绘制。

5)其他线。图纸本身图面用的线条,一般由设计人员自行选用中粗线或细实线绘制;还有如剖面详图上的阴影线,可用细实线绘制,以表示剖切的断面。

第一章　装饰装修施工图识读基础

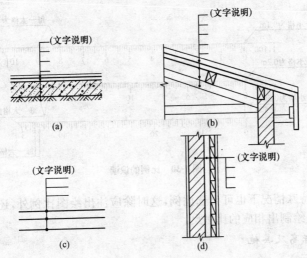

图 1-28　多层构造引出线

2. 图纸比例

(1)图样的比例,应为图形与实物相对应的线性尺寸之比。比例的大小,是指其比值的大小,如 1:50 大于 1:100。

(2)比例的符号为":",比例应以阿拉伯数字表示,如 1:1,1:2,1:100 等。

(3)比例宜注写在图名的右侧,字的基准线应取平;比例的字高宜比图名的字高小一号或二号(图 1-29)。

平面图 1:100　　⑥ 1:20

图 1-29　比例的注写

(4)绘图所用的比例,应根据图样的用途与被绘对象的复杂程度,从表 1-6 中选用,并优先用表中常用比例。

表 1-6　绘图所用的比例

常用比例	1:1、1:2、1:5、1:10、1:20、1:30、1:50、1:100、1:150、1:200、1:500、1:1000、1:2000
可用比例	1:3、1:4、1:6、1:15、1:25、1:40、1:60、1:80、1:250、1:300、1:400、1:600、1:5000、1:10000、1:20000、1:50000、1:100000、1:200000

(5)一般情况下,一个图样应选用一种比例。根据专业制图需要,同一图样可选用两种比例,比例的识读如图 1-30 所示。

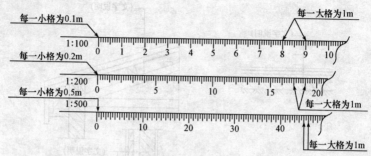

图 1-30　比例的识读

(6)特殊情况下也可自选比例,这时除应注出绘图比例外,还必须在适当位置绘制出相应的比例尺。

3. 标高及其他

(1)标高。

1)建筑物平面、立面、剖面图,宜标注室内外地坪、楼地面、地下层地面、阳台、平台、檐口、屋脊、女儿墙、雨棚、门、窗、台阶等处的标高。平屋面等不易标明建筑标高的部位可标注结构标高,并予以说明。结构找坡的平屋面,屋面标高可标注在结构板面最低点,并注明找坡坡度。

有屋架的屋面,应标注屋架下弦搁置点或柱顶标高。有起重机的厂房剖面图应标注轨顶标高、屋架下弦杆件下边缘或屋面梁底、板底标高。梁式悬挂起重机宜标出轨距尺寸(以米计)。

2)标高符号表示要求如下:

①标高符号应以等腰直角三角形表示,按图 1-31(a)所示形式用细实线绘制。当标注位置不够,也可按图 1-31(b)所示形式绘制。标高符号的具体画法如图 1-31 所示。

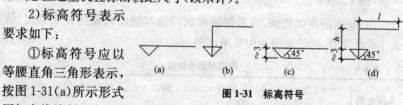

图 1-31　标高符号

②总平面图室外地坪标高符号,宜用涂黑的三角形表示,具体画法如图 1-32 所示。

③标高符号的尖端应指至被注高度的位置。尖端一般应向下,也可向上。标高数字应注写在标高符号的上侧或下侧(图 1-33)。

图 1-32　总平面图室外地坪标高符号

3)标高数字表示要求如下:

①标高数字应以 m 为单位,注写到小数点以后第三位。在总平面图中,可注写到小数点以后第二位。

②零点标高应注写成±0.000,正数标高不注"+",负数标高应注"-",例如 3.000、-0.600。

③在图样的同一位置需表示几个不同标高时,标高数字可按图 1-34 的形式注写。

图 1-33　标高的指向　　　　图 1-34　同一位置注写多个标高

4)楼地面、地下层地面、阳台、平台、檐口、屋脊、女儿墙、台阶等处的高度尺寸及标高,宜按下列规定注写:

①平面图及其详图注写完成面标高。

②立面图、剖面图及其详图注写完成面标高及高度方向的尺寸。

③其余部分注写毛面尺寸及标高。

④标注建筑平面图各部位的定位尺寸时,注写与其最邻近的轴线间的尺寸;标注建筑剖面各部位的定位尺寸时,注写其所在层次内的尺寸。

(2)索引符号

1)图样中的某一局部或构件,如需另见详图,应以索引符号索引[图1-35(a)]。索引符号是由直径为 8~10mm 的圆和水平直径组成,圆及水平直径应以细实线绘制。索引符号应按下列规定编写:

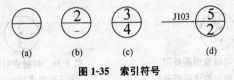

图 1-35　索引符号

①索引出的详图,如与被索引的详图同在一张图纸内,应在索引符号的上半圆中用阿拉伯数字注明该详图的编号,并在下半圆中间画一段水平细实线[图 1-35(b)]。

②索引出的详图,如与被索引的详图不在同一张图纸内,应在索引符号的上半圆中用阿拉伯数字注明该详图的编号,在索引符号的下半圆中

用阿拉伯数字注明该详图所在图纸的编号[图1-35(c)]。数字较多时,可加文字标注。

③索引出的详图,如采用标准图,应在索引符号水平直径的延长线上加注该标准图集的编号[图1-35(d)]。需要标注比例时,文字在索引符号右侧或延长线下方,与符号下对齐。

2)索引符号当用于索引剖视详图,应在被剖切的部位绘制剖切位置线,并以引出线引出索引符号,引出线所在的一侧应为剖视方向。索引符号的编写如图1-36所示。

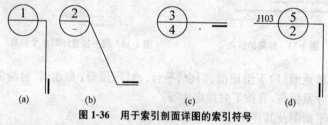

图1-36 用于索引剖面详图的索引符号

(3)其他符号。

1)详图符号。详图的位置和编号,应以详图符号表示。详图符号的圆应以直径为14mm的粗实线绘制。详图应按下列规定编号:

①详图与被索引的图样同在一张图纸内时,应在详图符号内用阿拉伯数字注明详图的编号(图1-37)。

②详图与被索引的图样不在同一张图纸内,应用细实线在详图符号内画一水平直径,在上半圆中注明详图编号,在下半圆中注明被索引的图纸的编号(图1-38)。

图1-37 与被索引图样同在一张图纸内的详图符号

图1-38 与被索引图样不在同一张图纸内的详图符号

2)对称符号。对称符号由对称线和两端的两对平行线组成。对称线用细单点长画线绘制;平行线用细实线绘制,其长度宜为6~10mm,每对的间距宜为2~3mm;对称线垂直平分于两对平行线,两端超出平行线宜为2~3mm(图1-39)。

3)连接符号。连接符号应以折断线表示需连接的部位。两部位相距过远时,折断线两端靠图样一侧应标注大写拉丁字母表示连接编号。两个被连接的图样必须用相同的字母编号(图1-40)。

4)变更云线。对图纸中局部变更部分宜采用云线,并宜注明修改版次(图1-41)。

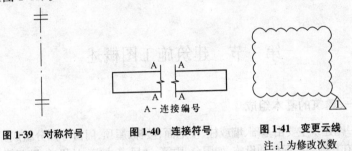

图1-39 对称符号　　图1-40 连接符号　　图1-41 变更云线
　　　　　　　　　　　　　　　　　　　　　　注:1为修改次数

(4)指北针与风玫瑰。

1)在总平面图及首层的建筑平面图上,一般都绘有指北针,表示该建筑物的朝向。指北针的形状宜如图1-42所示,其圆的直径宜为24mm,用细实线绘制;指针尾部的宽度宜为3mm,指针头部应注"北"或"N"字。需用较大直径绘制指北针时,指针尾部宽度宜为直径的1/8。

2)风玫瑰是总平面图上用来表示该地区每年风向频率的标志。风向频率图应根据当地实际气象资料按东、南、西、北、东南、东北、西南、西北等8个(或16个)方向绘出。图中风向频率特征应采用不同图线绘在一起,实线表示年风向频率,虚线表示夏季风向频率,点画线表示冬季风向频率,θ角为建筑物坐标轴与指北针的方向夹角,见图1-43。

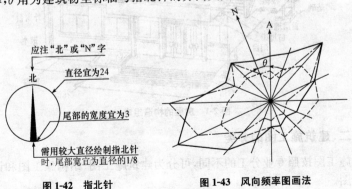

图1-42 指北针　　　　　图1-43 风向频率图画法

第二章 建筑施工图识读

第一节 建筑施工图概述

一、建筑的基本组成

一幢建筑主要由基础、墙或柱、楼地面、楼梯、屋顶、门窗等部分组成。另外,还有其他一些配件和设施,如阳台、雨篷、通风道、烟道、垃圾道、壁橱等。

房屋是供人们生活、生产、工作、学习和娱乐的场所,与人们的日常生活密切相关。学习施工图,首先应该了解房屋的构造组成,如图 2-1 所示。

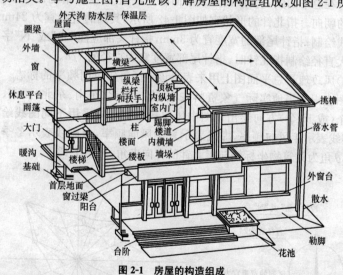

图 2-1 房屋的构造组成

二、建筑施工图的分类

施工图按照专业分工的不同,可分为建筑施工图、结构施工图和设备施工图。

(1)建筑施工图。建筑施工图(简称建施)主要表示建筑物的总体布局、外部造型、内部布置、细部构造、装饰装修和施工要求等。其主要包括总平面图、建筑平面图、建筑立面图、建筑剖面图、建筑详图等。

(2)结构施工图。结构施工图(简称结施)主要表示房屋的结构设计内容,如房屋承重构件的布置,构件的形状、大小、材料等。其主要包括结构平面布置图、构件详图等。

(3)设备施工图。设备施工图(简称设施)包括给排水、采暖通风、电气照明等各种施工图,其内容有各工种的平面布置图、系统图等。

三、施工图识读注意事项

(1)施工图是根据投影原理绘制的,用图纸表明房屋建筑的设计及构造做法,所以要看懂施工图,应掌握投影原理并熟悉房屋建筑的基本构造。

(2)房屋施工图中,除符合一般的投影原理及视图、剖面、断面等的基本图示方法外,为了保证制图质量、提高效率、表达统一、符合设计和施工的要求以及便于识读工程图,国家质量监督检验检疫总局、原建设部联合颁布了六种有关建筑制图的国家标准。

(3)看图时要先粗后细、先大后小、互相对照。一般是先看图纸目录、总平面图,大致了解工程的概况,如设计单位、建设单位、新建房屋的位置、周围环境、施工技术的要求等。

(4)要想熟练地识读施工图,还应经常深入施工现场,对照图纸,观察实物,这也是提高识图能力的一个重要方法。

第二节 建筑总平面图

将新建工程四周一定范围内的新建、拟建、原有和拆除的建筑物、构筑物连同其周围的地形、地物状况用水平投影方法和相应的图例画出的图样。建筑总平面图是新建房屋定位、土方施工以及绘制水、暖、电等管线总平面图和施工总平面图的依据。

一、建筑总平面图的内容

(1)表明新建区的总体布局:如拨地范围,各建筑物及构筑物的位置,道路、管网的布置等。

(2)确定建筑物的平面位置:一般根据原有房屋或道路定位。修建成片住宅、较大的公共建筑物、工厂或地形较复杂时,用坐标确定房屋及道路转折点的位置。

(3)根据工程的需要,有时还有水、暖、电等管线总平面图,各种管线综合布置图,竖向设计图,道路纵横剖面图以及绿化布置图等。

(4)表明建筑物首层地面的绝对标高,室外地坪、道路的绝对标高;说明土方填挖情况、地面坡度及雨水排除方向。

(5)用指北针表示房屋的朝向。有时用风玫瑰图表示常年风向频率和风速。

二、建筑总平面图图例

表2-1为部分常用的总平面图图例符号,画图时应严格执行该图例符号,如图中采用的图例不是标准中的图例,应在总平面图下面说明。

表 2-1　　　　总平面图例(GB/T 50103—2010)

序号	名 称	图 例	说 明
1	新建建筑物	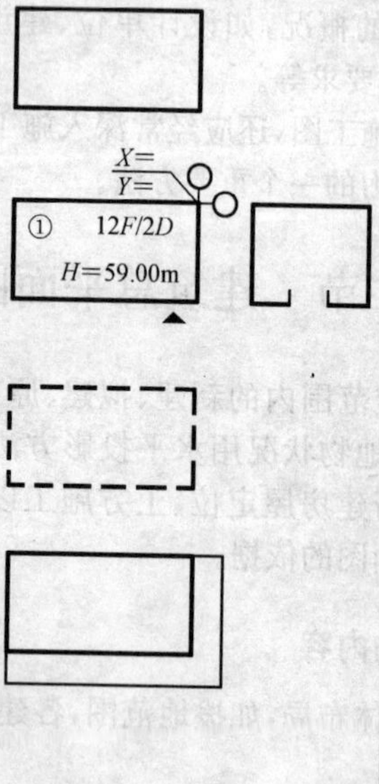 ① $12F/2D$ $H=59.00m$ $X=$ $Y=$	新建建筑物以粗实线表示与室外地坪相接处±0.00外墙定位轮廓线 建筑物一般以±0.00高度处的外墙定位轴线交叉点坐标定位。轴线用细实线表示,并标明轴线号 根据不同设计阶段标注建筑编号,地上、地下层数,建筑高度,建筑出入口位置(两种表示方法均可,但同一图纸采用一种表示方法) 地下建筑物以粗虚线表示其轮廓 建筑上部(±0.00以上)外挑建筑用细实线表示 建筑物上部连廊用细虚线表示并标注位置

第二章　建筑施工图识读

(续一)

序号	名　称	图　例	说　明
2	原有建筑物		用细实线表示
3	计划扩建的预留地或建筑物		用中粗虚线表示
4	拆除的建筑物		用细实线表示
5	建筑物下面的通道		—
6	围墙及大门		—
7	挡土墙	5.00 / 1.50	挡土墙根据不同设计阶段的需要标注 墙顶标高 墙底标高
8	坐标	1. $X=105.00$ $Y=425.00$ 2. $A=105.00$ $B=425.00$	1. 表示地形测量坐标系 2. 表示自设坐标系 坐标数字平行于建筑标注
9	方格网交叉点标高	−0.50 | 77.85 / 78.35	"78.35"为原地面标高 "77.85"为设计标高 "−0.50"为施工高度 "−"表示挖方（"+"表示填方）
10	填方区、挖方区、未整平区及零线	+ / −	"+"表示填方区 "−"表示挖方区 中间为未整平区 点画线为零点线

(续二)

序号	名称	图例	说明
11	填挖边坡		—
12	室内地坪标高	151.00 ▽ (±0.00)	数字平行于建筑物书写
13	室外地坪标高	▼ 143.00	室外标高也可采用等高线
14	新建的道路		"R=6.00"表示道路转弯半径；"107.50"为道路中心线交叉点设计标高，两种表示方式均可，同一图纸采用一种方式表示；"100.00"为变坡点之间距离，"0.30%"表示道路坡度，⟶ 表示坡向
15	原有道路		—
16	计划扩建的道路		—
17	拆除的道路		—

三、建筑总平面图识读要点

(1) 了解工程性质、图纸比例尺，阅读文字说明，熟悉图例。

(2) 了解建设地段的地形，查看拨地范围、建筑物的布置、四周环境、道路布置。图2-2为某小学学校总平面图，表明了拨地范围与现有道路和民房的关系。

(3) 当地形复杂时，要了解地形概貌，观察图形等高线。

(4) 了解各新建房屋的室内外高差、道路标高、坡度以及地面排水情况。

(5) 查看房屋与管线走向的关系以及管线引入建筑物的具体位置。

(6)查找定位依据。

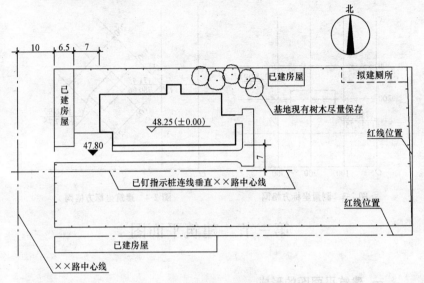

图 2-2 某小学学校总平面图

四、新建建筑物的定位

新建建筑物的具体位置,一般根据原有房屋或道路来确定,并以米为单位标出定位尺寸。但是,当新建建筑物附近无原有建筑物为依据时,要用坐标定位法确定建筑物的位置。坐标定位法有以下两种:

(1)测量坐标定位法。在地形图上绘制的方格网叫做测量坐标方格网,它与地形图采用同一比例。方格网的边长一般采用 100m×100m 或者 50m×50m,纵坐标为 X,横坐标为 Y。斜方位的建筑物一般应标注建筑物的左下角和右上角的两个角点的坐标。如果建筑物的方位正南正北,又是矩形,则可只标注建筑物的一个角点的坐标。测量坐标方格网如图 2-3 所示。

(2)建筑坐标定位法。建筑坐标方格网是以建设地区的某点为"0"点,在总平面图上分格,分格大小应根据建筑设计总平面图上各建筑物、构筑物及各种管线的布设情况,结合现场的地形情况而定的,一般采用 100m×100m 或者 50m×50m,采用比例与总平面图相同,纵坐标为 X,横坐标为 Y。定位放线时,应以"0"点为基准,测出建筑物墙角的位置。建筑坐标方格网如图 2-4 所示。

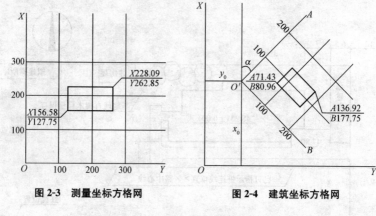

图 2-3　测量坐标方格网　　　　图 2-4　建筑坐标方格网

第三节　建筑平面图

一、建筑平面图的形成

用一个假想的水平剖切面沿略高于门窗洞口位置剖切房屋后，向下投影，所得到的水平投影图，即为建筑平面图，简称平面图。它反映出房屋的平面形状、大小和房间的布置，墙或柱的位置、大小、厚度和材料，门窗的类型和位置等情况。建筑平面图在施工过程中是放线、砌墙、安装门窗及编制概预算的依据。施工备料、施工组织都要用到平面图。建筑平面图包括被剖切到的断面、可见的建筑构造及必要的尺寸、标高等内容。

二、建筑平面图的分类

建筑平面图可分为以下几类：

(1) 底层平面图。底层平面图主要表示底层的平面布置情况，即各房间的分隔和组合、房间名称、出入口、门厅、楼梯等的布置和相互关系，各种门窗的位置以及室外的台阶、花台、明沟、散水、落水管的布置以及指北针、剖切符号、室内外标高等。

(2) 标准层平面图。标准层平面图主要表示中间各层的平面布置情况。在底层平面图中已经表明的花台、散水、明沟、台阶等不再重复画出。进口处的雨篷等要在二层平面图上表示，二层以上的平面图中不再表示。

(3)顶层平面图。顶层平面图主要表示房屋顶层的平面布置情况。如果顶层的平面布置与标准层的平面布置相同，可以只画出局部的顶层楼梯间平面图。

(4)屋顶平面图。屋顶平面图主要表示屋顶的形状、屋面排水方向及坡度、天沟或檐沟的位置，还有女儿墙、屋脊线、落水管、水箱、上人孔、避雷针的位置等。由于屋顶平面图比较简单，所以可用较小的比例来绘制。

(5)局部平面图。当某些楼层的平面布置基本相同，仅有局部不同时，这些不同部分就可以用局部平面图来表示。当某些局部布置由于比例较小而固定设备较多，或者内部的组合比较复杂时，也可以另画较大比例的局部平面图。为了清楚地表明局部平面图在平面图中所处的位置，必须标明与平面图一致的定位轴线及其编号。常见的局部平面图有厕所、盥洗室、楼梯间平面图等。

三、建筑平面图的内容

(1)建筑物形状、内部的布置及朝向。包括建筑物的平面形状，各房间的布置及相互关系，入口、走道、楼梯的位置等。一般平面图中均注明房间的名称或编号。首层平面图还标注指北针，表明建筑物的朝向。

(2)建筑物的尺寸。在建筑平面图中，用轴线和尺寸线表示各部分的长宽尺寸和准确位置。外墙尺寸一般分三道标注：最外面一道是外包尺寸，表明了建筑物的总长度和总宽度；中间一道是轴线尺寸，表明开间和进深的尺寸；最里一道是表示门窗洞口、墙垛、墙厚等详细尺寸。内墙须注明与轴线的关系、墙厚、门窗洞口尺寸等。此外，首层平面图上还要表明室外台阶、散水等尺寸。各层平面图还应表明墙上留洞的位置、大小、洞底标高。

(3)建筑物的结构形式及主要建筑材料。建筑物的结构形式有混合结构、框架结构、木结构、钢结构等，其中混合结构的主要建筑材料有砖与砌块等，框架结构主要由钢筋混凝土柱子来承重。

(4)各层的地面标高。首层室内地面标高一般定为±0.00，并注明室外地坪标高。其余各层均注有地面标高。有坡度要求的房间还应注明地面的坡度。

(5)门窗及其过梁的编号、门的开启方向。

1)注明门窗编号。

2)表示门的开启方向，作为安装门及五金的依据。

3)注明门窗过梁编号。

(6)剖面图、详图和标准配件的位置及其编号。

1)表明剖切线的位置。

2)表明局部详图的编号及位置。

3)表明所采用的标准构件、配件的编号。

(7)综合反映其他各工种(工艺、水、暖、电)对土建的要求。各工种要求的坑、台、水池、地沟、电闸箱、消火栓、落水管等及其在墙或楼板上的预留洞,应在图中表明其位置及尺寸。

(8)室内装修做法。包括室内地面、墙面及顶棚等处的材料及做法。一般简单的装修,在平面图内直接用文字注明;较复杂的工程则应另列房间明细表和材料做法表,或另画建筑装修图。

(9)文字说明。平面图中不易表明的内容,如施工要求、砖及灰浆的强度等级等需用文字说明。

四、建筑平面图绘制要求

(1)平面图的方向宜与总图方向一致。平面图的长边宜与横式幅面图纸的长边一致。

(2)在同一张图纸上绘制多于一层的平面图时,各层平面图宜按层数由低向高的顺序从左至右或从下至上布置。

(3)除顶棚平面图外,各种平面图应按正投影法绘制。

(4)建筑物平面图应在建筑物的门窗洞口处水平剖切俯视(屋顶平面图应在屋面以上俯视),图内应包括剖切面及投影方向可见的建筑构造以及必要的尺寸、标高等,如需表示高窗、洞口、通气孔、槽、地沟及起重机等不可见部分,则应以虚线绘制。

(5)建筑物平面图应注写房间的名称或编号。编号注写在直径为6mm细实线绘制的圆圈内,并在同张图纸上列出房间名称表。

(6)平面较大的建筑物,可分区绘制平面图,但每张平面图均应绘制组合示意图。各区应分别用大写拉丁字母编号。在组合示意图中要提示的分区,应采用阴影线或填充的方式表示。

(7)顶棚平面图宜用镜像投影法绘制。

(8)为表示室内立面在平面图上的位置,应在平面图上用内视符号注明视点位置、方向及立面,编号如图 2-5 所示。符号中的圆圈应用细实线绘制,根据图面比例圆圈直径可选择 8~12mm。立面编号宜用拉丁字母或阿拉伯数字表示。内视符号如图 2-6 所示。

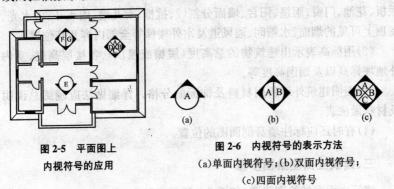

图 2-5 平面图上
内视符号的应用

图 2-6 内视符号的表示方法
(a)单面内视符号;(b)双面内视符号;
(c)四面内视符号

第四节 建筑立面图

一、建筑立面图的形成

在房屋立面平行的投影面上所作的正投影图,如图 2-7 所示。

立面图中反映主要出入口或房屋主要外貌特征的一面称为正立面图,其余的立面图则相应地称为背立面图、左侧立面图、右侧立面图。有时也可按房屋的朝向来命名立面图的名称,如南立面图、北立面图、西立面图、东立面图。立面图的名称还可以根据立面图两端的轴线编号来命名,如①~⑩立面图、⑩~①立面图等。

图 2-7 建筑立面图的形成

二、建筑立面图的内容

(1)表示房屋外形可见的全部内容。室外地坪线、房屋的勒脚、台阶、栏板、花池、门窗、雨篷、阳台、墙面分割线、挑檐、女儿墙、雨水斗、雨水光、屋顶上可见的烟囱、水箱间、通风道及室外楼梯等全部内容及其位置。

(2)用标高表示出建筑物的总高度(屋檐或屋顶)、各楼层高度、室内外地坪标高以及烟囱高度等。

(3)表明建筑外墙所用材料及饰面的分格。详细做法应翻阅总说明及材料做法表。

(4)有时还应标注墙身剖面图的位置。

三、建筑立面图绘图步骤

建筑立面图的绘图步骤,如图 2-8 所示。

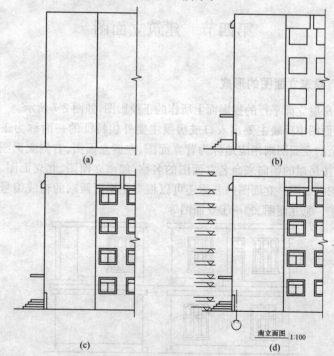

图 2-8 建筑立面图的绘图步骤

四、建筑立面图绘制要求

(1)各种立面图应按正投影法绘制。

(2)建筑立面图应包括投影方向可见的建筑外轮廓线和墙面线脚、构配件、墙面做法及必要的尺寸和标高等。

(3)室内立面图应包括投影方向可见的室内轮廓线和装修构造、门窗、构配件、墙面做法、固定家具、灯具、必要的尺寸和标高及需要表达的非固定家具、灯具、装饰物件等(室内立面图的顶棚轮廓线,可根据具体情况只表达吊平顶或同时表达吊平顶及结构顶棚)。

(4)平面形状曲折的建筑物,可绘制展开立面图、展开室内立面图。圆形或多边形平面的建筑物,可分段展开绘制立面图、室内立面图,但均应在图名后加注"展开"二字。

(5)较简单的对称式建筑物或对称的构配件等,在不影响构造处理和施工的情况下,立面图可绘制一半,并在对称轴线处画对称符号。

(6)在建筑物立面图上,相同的门窗、阳台、外檐装修、构造做法等可在局部重点表示,绘出其完整图形,其余部分只画轮廓线。

(7)在建筑物立面图上,外墙表面分格线应表示清楚,用文字说明各部位所用面材及色彩。

(8)有定位轴线的建筑物,宜根据两端定位轴线号编注立面图名称(如①~⑩立面图、Ⓐ~Ⓕ立面图)。无定位轴线的建筑物可按平面图各面的朝向确定名称。

(9)建筑物室内立面图的名称,应根据平面图中内视符号的编号或字母确定(如:①立面图、Ⓐ立面图)。

第五节 建筑剖面图

一、建筑剖面图的形成与作用

1. 剖面图的形成

建筑剖面图是指用一个竖直剖切面从上到下将房屋垂直剖开,移去一部分后绘出的剩余部分的正投影图,如图 2-9 所示。

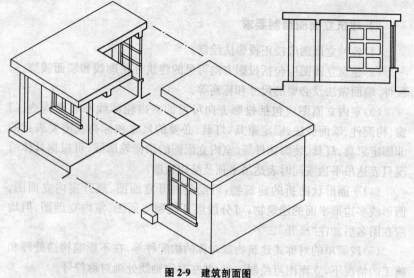

图 2-9 建筑剖面图

2. 剖面图的类别与位置选择

根据建筑物的实际情况和施工需要,剖面图有横剖面图和纵剖面图。横剖是指剖切平面平行于横轴线的剖切,纵剖是指剖切平面平行于纵轴线的剖切,如图 2-10 所示。建筑施工图中大多数是横剖面图。剖面图的剖切位置应选择在建筑物的内部结构和构造比较复杂或有代表性的部位,其数量应根据建筑物的复杂程度和施工的实际需要而确定。对于多层建筑,一般至少要有一个通过楼梯间剖切的剖面图。如果用一个剖切平面不能满足要求时,可采用转折剖的方法,但一般只转折一次。当剖切位置确定后,应在底层平面图上用剖切符号标出,并从左到右依次编号,分别为 1—1 剖面、2—2 剖面……

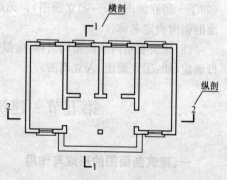

图 2-10 横剖和纵剖

3. 剖面图的作用

建筑剖面图主要表示建筑物内部空间的高度关系,如顶层的形式、屋顶的坡度、檐口的形式、楼层的分层情况、楼板的搁置方式、楼梯的形式、内外墙及其门窗的位置、各种承重梁和连系梁的位置以及简要的结构形式和构造方法等。

二、建筑剖面图的内容

(1)建筑物各部位的高度:剖面图中用标高及尺寸线表明建筑总高、室内外地坪标高、各层标高、门窗及窗台高度等。

(2)建筑主要承重构件的相互关系:各层梁、板的位置及其与墙柱的关系,屋顶的结构形式等。

(3)剖面图中不能详细表达的地方,有时引出索引号另画详图表示。

三、建筑剖面图绘制要求

(1)剖面图的剖切部位应根据图纸的用途或设计深度,在平面图上选择能反映建筑全貌、构造特征以及有代表性的部位剖切。

(2)各种剖面图应按正投影法绘制。

(3)建筑剖面图内应包括剖切面和投影方向可见的建筑构造、构配件以及必要的尺寸、标高等。

(4)剖切符号可用阿拉伯数字、罗马数字或拉丁字母编号,如图2-11所示。

(5)画室内立面图时,相应部位的墙体、楼地面的剖切面宜有所表示。必要时,占空间较大的设备管线、灯具等的剖切面,应在图纸上绘出。

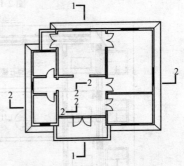

图2-11 剖切符号在平面图上的画法

四、建筑剖面图识读要点

阅读建筑剖面图时应以建筑平面图为依据,由建筑平面图到建筑剖面图,由外部到内部,由下到上,反复对照查阅,形成对房屋的整体认识。

下面以某学校办公楼的剖面图(图2-12、图2-13)为例介绍建筑剖面图应如何识读。

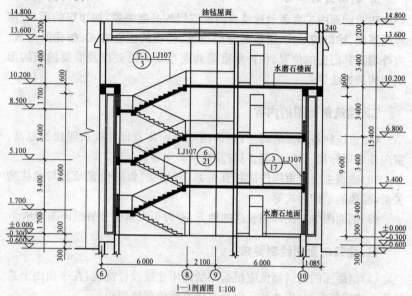

图 2-12　1—1 剖面图

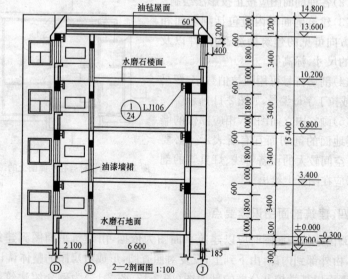

图 2-13　2—2 剖面图

识读分析：

(1)由底层平面图中的剖切符号可知，1—1 剖面图是通过大门厅、楼梯间的一个纵剖面图，仅表达了办公楼东端剖切部分的内容。而中、西部的未剖到部分与南立面图相同，故在此不再表示，用折断线表示。

(2)1—1 剖面图的剖切位置通过每层楼梯的第二个梯段，而每层楼梯的第一个梯段则为未剖到而可见的梯段，但各层之间的休息平台是被剖切到的。图中的涂黑断面均为剖切到的钢筋混凝土构件的断面。该办公楼的屋顶为平屋顶，利用屋面材料做出坡度形成双坡排水，檐口采用包檐的形式。办公楼的层高为 3.4m，室内、外地面的高差为 0.6m，檐口的高度为 1.2m。另外，从图中还可以得知各层楼面、休息平台面、屋面、檐口顶面的标高尺寸。

(3)图中注写的文字表明办公楼采用水磨石楼、地面，屋面为油毡屋面。

第六节　建筑详图

一、建筑详图的形成

一个建筑物仅有建筑平、立、剖面图还不能满足施工要求，这是因为建筑物的平、立、剖面图样比例较小，建筑物的某些细部及构配件的详细构造和尺寸无法表示清楚。对房屋的细部或构件用较大的比例(1∶30、1∶20、1∶10、1∶5、1∶2、1∶1)，将其形状、大小、材料和做法，按正投影图的画法，详细的画出来的图样，称为建筑详图。建筑详图是建筑细部施工图，是建筑平、立、剖面图的补充，是建筑施工的重要依据之一。

二、建筑详图绘制要求

绘制建筑详图采用的比例一般为 1∶1、1∶2、1∶5、1∶10、1∶20 等。建筑详图的尺寸要齐全、准确，文字说明要清楚、明白。在建筑平、立、剖面图中，凡需绘制详图的部位均应画上索引符号，而在所画出的详图上则应编上相应的详图符号。详图符号与索引符号必须对应一致，以便看图时查找有关的图纸。对于套用标准图或通用图的建筑构配件和剖面节点,只需注明所套用图集的名称、编号和页次,而不必另画详图。索引符号与详图符号的画法规定及编号方法详见表 2-2。

表 2-2　　　　索引符号与详图符号的画法规定及编号方法

名称	符号	说明
索引符号	⑤ — 详图的编号，详图在本张图纸上 ⑤ — 局部剖面详图的编号，剖面详图在本张图纸上	细实线单圆圈直径应为 10mm 详图在本张图纸上
索引符号	⑤/4 — 详图的编号，详图所在的图纸编号 ⑤/4 — 局部剖面详图的编号，剖面详图所在的图纸编号	详图不在本张图纸上
索引符号	J103 ⑤/4 — 标准图册编号，标准详图编号，详图所在的图纸编号	标准详图
详图符号	⑤ — 详图的编号	粗实线单圆圈直径应为 14mm 被索引的在本张图纸上
详图符号	⑤/2 — 详图的编号，被索引的图纸编号	被索引的不在本张图纸上

三、建筑详图的内容

建筑详图主要表示建筑构配件(如门、窗、楼梯、阳台、各种装饰等)的详细构造及连接关系;表示建筑细部及剖面节点(如檐口、窗台、明沟、楼梯、扶手、踏步、楼地面、屋面等)的形式、层次、做法、用料、规格及详细尺寸;表示施工要求及制作方法。

建筑详图主要的图样有外墙剖面详图、楼梯详图、门窗详图及厨房、浴室、卫生间详图等。

1. 外墙详图

外墙详图是指外墙墙身从上到下的垂直面,详细地反映了各节点的细部构造,它表达房屋的屋面、楼层、地面和檐口构造,楼板与墙的连接,门窗顶、窗台和勒脚、散水等处构造的情况,是施工的重要依据。

多层房屋中,各层的情况一样时,可只画底层或加一个中间层来表示。画图时,往往在窗洞中间处断开,成为几个节点详图的组合。有时,也可不画整个墙身的详图,而是把各个节点的详图分别单独绘制。详图的线型要求与剖面图相同。

2. 楼梯详图

(1)楼梯详图的基本内容。楼梯是两层以上的房屋建筑中不可缺少的垂直交通设施。楼梯的材料、形式、结构以及施工方法有很多种,但使用最多的是现浇混凝土双跑楼梯。无论是哪一种总体总是由梯段、平台梁、栏杆和扶手几部分组成,如图 2-14 所示。楼梯详图主要表示楼梯的类型、结构形式、各部位的尺寸及装修做法等,是楼梯施工放样的主要依据。

图 2-14 楼梯的组成
1—平台;2—梯段;3—平台梁

楼梯详图一般分建筑详图与结构详图,应分别绘制并编入建筑施工图和结构施工图中。对于一些构造和装修较简单的现浇钢筋混凝土楼梯,其建筑详图和结构详图可合并绘制,编入建筑施工图或结构施工图均可。

楼梯的建筑详图包括楼梯平面图、楼梯剖面图以及踏步和栏杆等节点详图,如图 2-15 所示。楼梯平面图与剖面图比例要一致,以便对照阅读。踏步、栏杆等节点详图比例要大些,以便能清楚表达该部分的构造情况。

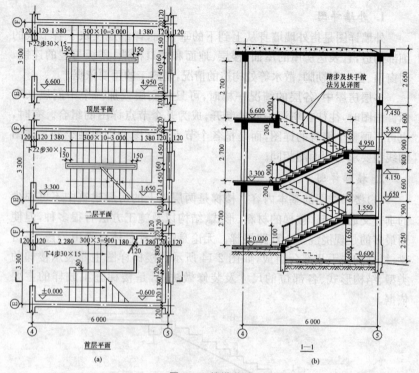

图 2-15 楼梯详图

(2)楼梯平面图的形成。楼梯平面图是距每层楼地面 1m 以上(尽量剖到楼梯间的门窗)沿水平方向剖开,向下投影所得到的水平剖面图。各层被剖到的楼梯段用 45°折断线表示。楼梯平面图一般应分层绘制。对于三层以上的建筑物,当中间各层楼梯完全相同时,可用一个图样表示,同时要标有中间各层的楼面标高。

(3)楼梯剖面图的形成。假想用一铅垂面,将楼梯某一跑和门窗洞垂直剖开,向未剖到的另一跑方向投影,所得到的垂直剖面图就是楼梯剖面图。剖切面所在位置即表示在楼梯首层平面图上。

楼梯详图的识读要点:

(1)根据轴线编号查清楼梯详图和建筑平、剖面图的关系。

(2)看楼梯间门窗洞口及圈梁的位置和标高时,要与建筑平、立、剖面图和结构图纸对照阅读。

(3)当楼梯间地面标高较首层地面标高低时,应注意楼梯间防潮层的位置。

(4)当楼梯的结构图与建筑图分别绘制时,阅读楼梯建筑详图应对照结构图纸,核对楼梯梁、板的尺寸和标高。

3. 门窗详图

(1)木窗详图。木窗结构如图2-16所示。

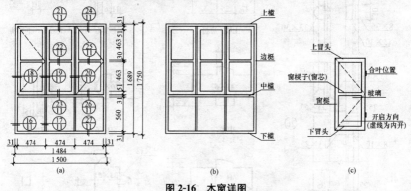

图2-16 木窗详图
(a)C149立面图;(b)窗框;(c)窗扇

识读分析:

1)立面图。立面图表明木窗的形式,开启方式和方向,主要尺寸及节点索引号。图2-16(a)为C149窗立面图,说明有两个活扇向内开启。立面图上注有三道尺寸:外面一道尺寸1750×1500是窗洞尺寸,中间一道尺寸1689×1484是窗樘的外包尺寸,里面一道尺寸是窗扇尺寸。

2)节点详图。在各层平面图中注出的是窗洞口的尺寸,为砌砖墙留口用。窗樘及窗扇尺寸供木工加工制作用。

节点详图表明木窗各部件断面用料、尺寸、线型、开启方向。节点详图编号可由立面图上查到。

图2-17所示的㉔、㉕、㉖、㉗四个节点说明了窗扇与窗框的关系以及窗框与窗扇的用料尺寸。

3)断面尺寸。图2-18所示为窗框及窗扇用料及裁口的尺寸。

(2)木门详图。木门构造如图2-19所示。

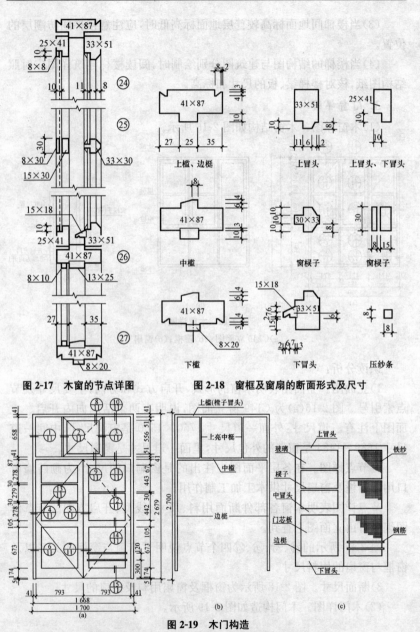

图 2-17 木窗的节点详图

图 2-18 窗框及窗扇的断面形式及尺寸

图 2-19 木门构造
(a)M337 立面图；(b)门框；(c)玻璃扇、纱扇

木门的节点详图如图 2-20 所示,说明了门框与门扇的关系。

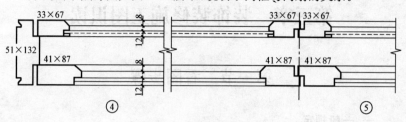

图 2-20 木门的节点详图

木门的用料断面如图 2-21 所示,可以看出门框、门扇用料及裁口的尺寸。

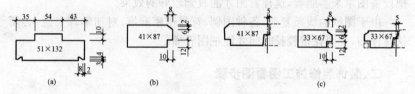

图 2-21 门框和门扇的断面形式及尺寸
(a)门口边梃用料断面;(b)玻璃扇边梃用料断面;(c)纱扇边梃用料断面

第三章 装饰装修施工图识读

第一节 看图步骤

一、一般规定

通常在看图纸时应:"从上往下看、从左向右看、由外向里看、由大到小看、由粗到细看,图样与说明对照看,建筑与结施结合看"。必要时还要把设备图拿来参照看,这样看图才能收到较好的效果。

由于图纸的线条复杂,各种图例、符号密密麻麻,对初学者来说,必须认真仔细,并要花费较长时间才能把图看懂。

二、装饰装修施工图看图步骤

1. 看图样目录

装饰施工图也有自己的目录,包括图别、图号、图样内容。一套完整的装饰工程图样,数量较多,为了方便阅读、查找、归档,需要编制相应的图样的目录,它是设计图样的汇总表。图样目录一般都以表格的形式表示。图3-1所示为××湘菜馆的图纸目录。

规模较大的建筑装饰装修工程设计,图样数量一般很大,需要分册装订,通常为了便于施工作业,以楼层或者功能分区为单位进行编制,但每个编制分册都应包括图样总目录。

图纸齐全后就可以按图纸顺序看图了。

2. 看设计说明

看图顺序是先看设计总说明,了解建筑概况、技术要求等,然后看图。一般按目录的排列往下逐张看图,如先看建筑总平面图,了解建筑物的地理位置、高程、坐标、朝向,以及与建筑有关的一些情况,图3-2设计说明包括工程概况、设计依据、施工图设计说明及施工说明等。具体内容包括:

(1)工程名称、工程地点和建设单位。
(2)工程的原始情况、建筑面积、装饰等级、设计范围和主要目的。
(3)施工图设计依据。

(4)施工图设计说明应表明装饰设计在结构和设备等技术方面对原有建筑进行改动的情况,应包括建筑装饰的类别、防火等级、防火分区、防火设备、防火门等设施的消防设计说明,以及对工程可能涉及的声、光、电、防潮、防尘、防腐蚀、防辐射等设施的消防设计说明。

(5)对设计中所采用的新技术、新工艺、新设备和新材料情况进行说明。

北京××装饰工程公司						
工程名称			××湘菜馆			
建筑面积			1000m²			
序号	图号	图 名		序号	图号	图 名
1	JZ-02	建筑设计说明		24	JZ-24	卫生间吊顶大样图
2	JZ-03a	材料做法表		25	JZ-25	卫生间A、B立面图
3	JZ-03b	门窗表		26	JZ-26	服务台平面、侧立面、剖面、节点图
4	JZ-04	原一层平面图		27	JZ-27	服务台立面图
5	JZ-05	原地下一层平面图		28	JZ-28	厨房平面及B、D立面图
6	JZ-06	一层改造平面图		29	JZ-29	厨房A、C立面图
7	JZ-07	地下一层改造平面图		30	JZ-30	收银台平面、剖面图(方案一)
8	JZ-08	一层平面布置图		31	JZ-31	收银台吧门图(方案一)
9	JZ-09	地下一层平面布置图		32	JZ-32	收银台平面及剖面图(方案二)
10	JZ-10	一层吊顶平面图		33	JZ-33	收银台立面图(方案二)
11	JZ-11	地下一层吊顶平面图		34	JZ-34	海鲜池大样图
12	JZ-12	一层灯具布置图		35	JZ-35	大厅灯池平面大样图
13	JZ-12a	地下一层灯具布置图		36	JZ-36	大厅灯池A剖面图
14	JZ-14	豪华A间平面、吊顶大样图					
15	JZ-15	豪华A间B、D立面图					
16	JZ-16	豪华A间A、C立面图					
17	JZ-17	豪华B间平面、吊顶大样图					
18	JZ-18	豪华B间B、D立面图					
19	JZ-19	豪华B间A、C立面图					
20	JZ-20	标准间平面、吊顶大样图					
21	JZ-21	标准间A、C立面图					
22	JZ-22	标准间B、D立面图					
23	JZ-23	卫生间平面大样图					
更改及作废记录		日 期		内 容 摘 要		
				××××年××月××日		

图 3-1 图纸目录

设计说明	北京×× 装饰工程公司
一、本工程为湘菜馆初步方案设计,湘菜馆位于北京某经济技术开发区11#块地内。 二、设计依据 　1. ××公司提出的《湘菜馆初步设计的任务书》 　2. 根据国家有关规范及北京市有关文件规定。 三、建筑装饰概况 　1. 建筑名称:湘菜馆; 　2. 建筑类别:丙类; 　3. 建筑占地面积:500平方米; 　6. 建筑面积:1000平方米; 　7. 层数:二层。 四、主要构造及材料 　1. 内墙:以轻钢龙骨为骨架,以纸面石膏板为基材组成的隔墙,详见88J2《六》。 　2. 卫生间墙:以轻钢龙骨为骨架,以水泥为基板,素灰浆拉毛挂丝网后贴瓷砖所组成的隔墙。详见 88J1-1-内墙 38G-\H45 　3. 卫生间地面:详见88J-1-地 7F-\D4。 　4. 豪华A包间木地板地面:详见88J1-1-1地 22-\D12。 　5. 豪华B包间毛毯地面:详见88J1-1-地38-\D23。 五、选用的标准及图集 　88J1-1　　　工程做法 　88J13-3　　 木门 　88J2《六》　墙身-轻钢龙骨石膏板 　88J4-3　　　内装修—吊顶 　88J8　　　　卫生间、洗池 　97SJ-01　　 常用铝合金门窗图集	注意: 　1. 凡本图内容经审定后不得任意修改,如需变更须与设计师及有关方面协商解决。 　2. 凡本图内容施工单位须按国家施工规范实施,一切尺度以标注之尺寸为准,单位不可度量推测。 　3. 图纸与现场尺寸有微小出入者,依施工现场情况在不改原设计风格的情况下调整。

工程项目:	
××湘菜馆	
图纸名称:	
设计说明	
绘图:	
设计:	
审核:	
类别:饰　施	
比例:1:100	
图号:JZ-02	
日期:××××年××月	
设计变更	
原因:	
签字:	

图 3-2　设计说明

第二节　装饰装修工程平面图

一、装饰装修平面图简介

装饰装修工程平面图是装饰施工图的主要图样,其主要用于表示空间布局、空间关系、家具布置、人流动线,让客户了解平面构思意图。装饰装修平面图包括平面装饰布置图和顶棚平面图。

平面装饰布置图基本同建筑平面图,是假想用一个水平的剖切平面,在窗台上方位置,将经过内外装饰的房屋整个剖开,移去以上部分向下所作的水平投影图。它的作用主要是用来表明建筑室内外各种装饰布置的平面形状、位置、大小和所用材料;表明这些布置与建筑主体结构之间的相互关系等。

顶棚平面图的形成方法有以下两种:第一,假象房屋水平剖开后,移去下面部分向上直接做正投影而成;第二,采用镜像投影法,将地面视为镜面,对镜中顶棚的形象做正面投影而成。顶棚平面图一般采用镜像投影法绘制。

装饰平面图和顶棚平面图,都是建筑装饰施工放样、制作安装、预算和备料,以及绘制有关室内设备施工图的重要依据。

二、平面装饰布置图的内容和表示方法

1. 建筑平面基本结构和尺寸

平面装饰布置图是在图示建筑平面图的有关内容。其包括建筑平面图上由剖切引起的墙柱断面和门窗洞口、定位轴线及其编号、建筑平面结构的各部尺寸、室外台阶、雨篷、花台、阳台及室内楼梯和其他细部布置等。

2. 装饰结构的平面形式和位置

平面装饰布置图需要表明楼地面、门窗和门窗套、护壁板或墙裙、隔断、装饰柱等装饰结构的平面形式和位置。

3. 室内外配套装饰设置的平面形状和位置

平面装饰布置图要标明室内家具、陈设、绿化、配套产品和室外水池、

装饰小品等配套设置体的平面形状、数量和位置。

4. 装饰结构与配套尺寸的标注

主要明确装饰结构和配套布置在建筑空间内的具体位置和大小,以及相互关系和尺寸标注等。

如图3-3所示为某别墅一层装饰平面图。

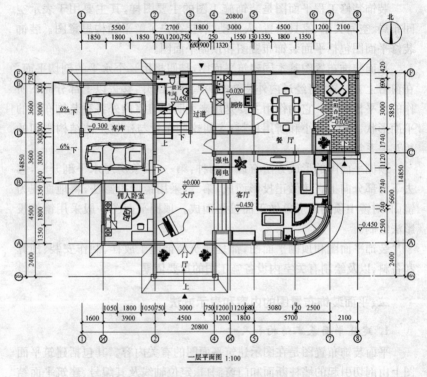

图3-3 某别墅一层装饰平面图

第三节 装饰装修工程立面图

一、装饰装修工程立面图简介

装修立面图的形成就是建筑物墙面向平行于墙面的投影面上所做的正投影图。一般为室内墙柱面装饰装修图,主要表示建筑主体结构中铅垂立面的装修做法，反映空间高度、墙面材料、造型、色彩、凹凸主体变化及家具尺寸等。若是建筑物的外观墙面，则称外视立面图，常简称立面图。

二、装饰装修工程立面图内容

立面装饰图包括室外装饰立面图和室内装饰立面图。其基本内容和表示方法有如下几点：

(1)图名、比例和立面图两端的定位轴线及其编号。

(2)采用相对标高，以室内地坪为基准，进而表明装修立面有关部位的标高尺寸。

(3)表示出室内外立面装饰的造型和式样，并用文字说明其饰面材料的品名、规格、色彩和工艺要求等。

(4)表明装修吊顶高度以及迭级造型的构造和尺寸关系。

(5)表示出各种装饰面的衔接收口形式。

(6)表示出室内外立面上各种装饰品（如壁画、壁挂、金属字等）的式样、位置和大小尺寸。

(7)表示出门窗、花格、装饰隔断等设施的高度尺寸和安装尺寸。

(8)表明与装修立面有关的装饰组景及其他艺术造型的高低错落位置尺寸。

(9)表示出室内外立面上的所用设备及其位置尺寸和规格尺寸。

(10)表示出详图所示部位及详图所在位置。作为基本图的剖面装饰图，其剖切符号一般不应在立面图上标注。

三、室外立面装饰图

室外装饰立面图是将建筑物经装饰后的外观形象，向铅直投影面所作的正投影图。它主要表明屋顶、檐头、外墙面、门头与门面等部位的装饰造型、装饰尺寸和饰面处理，以及室外水池、雕塑等建筑装饰小品布置等内容，基本同建筑立面图，只是内容多了一些，如图3-4所示。

四、室内立面装饰图

室内立面装饰图的形成较复杂，且形式不一。目前，常采用的表示方法有以下几种：

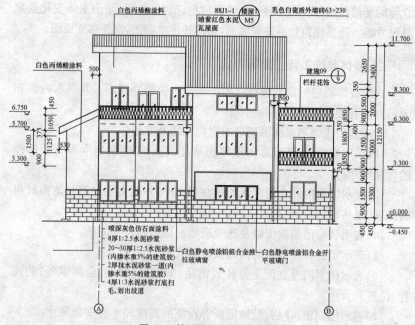

图 3-4 某别墅室外装修立面图

(1) 第一种是假想将室内空间垂直剖开,移去剖切平面前面的部分,对余下部分作正投影而成。这种立面图实质上是带有立面图示的剖面图。

特别注意:这种装饰立面图的形成进深感较强,同时能反映顶棚的部分做法。但剖切位置不明确(在平面布置图上没有剖切符号,仅用投影符号表明视向),其剖面图图示安排有些随意,较难对应剖切位置。

(2) 第二种是假想将室内各墙面沿面与面相交处拆开,移去暂时不予图示的墙面,将剩下的墙面及其装饰布置,向铅直投影面作投影而成。

特别注意:这种立面图的形成不出现剖面图像,只出现相邻墙面及其装饰构件与该墙面的表面交线。

(3) 第三种是设想将室内各墙面沿某轴阴角拆开,依次展开,直至都平行于同一铅直投影面,形成立面展开图。

特别注意:这种立面图的形成能将室内各墙面的装饰效果连贯地展示在人们眼前,以便人们研究各墙面之间的统一与反差及相互衔接关系,对室内装饰设计与施工有着重要作用。

室内立面装饰图主要表明建筑内部某一装饰空间的立面形式、尺寸及室内配套布置等内容,如图 3-5 所示。

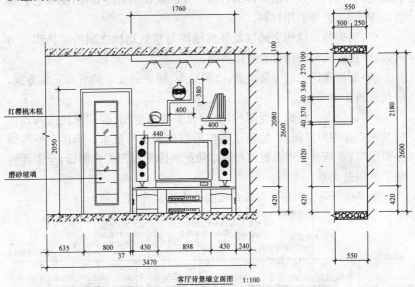

图 3-5　客厅背景墙立面图

室内立面装饰图,还要表明家具和室内配套产品的安放位置和尺寸。如采用剖面图示形式的室内装饰立面图,还要表明顶棚的迭级变化和相关尺寸。

建筑立面装饰图的线型使用基本同建筑立面图。唯有细部描绘应注意力求概括,不得喧宾夺主,所有为增加效果的细节描绘均应以细淡线表示。

五、装饰立面图识读

(1)首先明确建筑装饰立面图上与该工程有关的各部尺寸和标高。

(2)通过图中不同线型的含义,搞清楚立面上各种装饰造型的凹凸起伏变化和转折关系。

(3)弄清楚每个立面上有几种不同的装饰面,以及这些装饰面所选用的材料与施工工艺要求。

(4)立面上各装饰面之间的衔接收口较多,这些内容在立面图上显得比较概括,多在节点详图中详细表明。要注意找出这些详图,明确它们的收口方式、工艺和所用材料。

(5)明确装饰结构之间以及装饰结构与建筑结构之间的连接固定方式,以便提前准备预埋件和紧固件等。

(6)要注意设施的安装位置,电源插头、插座的安装位置和安装方式,以便在施工中留位。

(7)识读室内装饰立面图时,要结合平面布置图、顶棚平面图和该室内其他立面图对照阅读,明确该室内的整体做法与要求。识读室外装饰立面图时,要结合平面布置图和该部位的装饰剖面图综合阅读,全面弄清楚它的构造关系。

图 3-6 所示为一家川菜饭馆收银台立面装饰图。

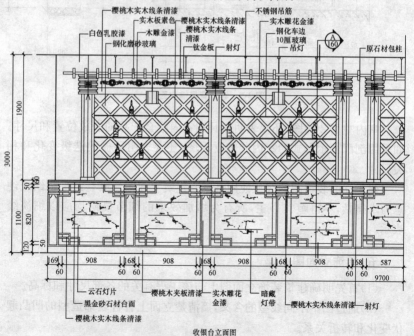

图 3-6 某川菜馆收银台立面图

第四节 装饰装修工程剖面图

一、装饰装修工程剖面图简介

装饰装修工程剖面图是用假想平面将室外某装饰部位或室内某装饰空间垂直剖开所得的正投影图。它主要表明上述部位或空间的内部构造情况，或者说装饰结构与建筑结构、结构材料与饰面材料之间的构造关系。

1. 整体剖面图

整体剖面图又称剖立面图。与建筑剖面图形成相似，它也是用一剖切平面将整个房间切开，然后画出切开房间内部空间物体的投影，然而对于构成房间周围的墙体及楼地面的具体构造却可省略。剖立面图就是剖视图，形成剖立面图的剖切平面的名称、位置及投射方向应在平面布置图中表明。图 3-7 为某酒店的装修剖立面图。

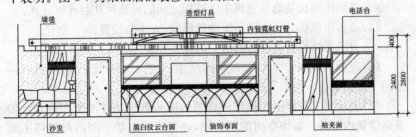

图 3-7　某酒店装修剖立面图

2. 局部装修剖面图

图 3-8 为某建筑装修的局部剖面详图，从图中可以看出局部装修剖面图与建筑图中剖面详图相同，都是用局部剖视来表达局部节点的内部构造。

二、装饰装修工程剖面图内容

装饰剖面图包括大剖面图以及局部剖面图，其基本内容包括：

(1) 表示出建筑的剖面基本结构和剖切空间的基本形状，并注出所需的建筑主体结构的有关尺寸和标高。

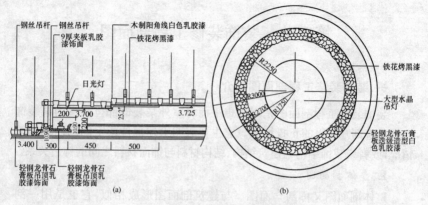

图 3-8 某建筑装修局部剖面详图

(2)表示出结构装饰的剖面形状、构造形式、材料组成及固定与支承构件的相互关系。

(3)表示出结构装饰与建筑主体结构之间的衔接尺寸与连接方式。

(4)表示出剖切空间内可见实物的形状、大小与位置。

(5)表示出结构装饰和装饰面上的设备安装方式或固定方法。

(6)表示出某些装饰构件、配件的尺寸,工艺做法与施工要求,另有详图的可概括表明。

(7)表示出节点详图和构配件详图的所示部位与详图所在位置。如果是建筑内部某一装饰空间的剖面图,还要表明剖切空间内与剖切平面平行的墙面装饰形式、装饰尺寸、饰面材料与工艺要求等。

(8)表示出图名、比例和被剖切墙体的定位轴线及其编号,以便与平面布置图和顶棚平面图对照阅读。

图 3-9 为某别墅室外剖面图。

三、装饰装修工程剖面图识读要点

(1)阅读建筑装饰剖面图时,首先要对照平面布置图,看清楚剖切面的编号是否相同,了解该剖面的剖切位置和剖视方向。

(2)分清哪些是建筑主体结构的图像和尺寸,哪些是装饰结构的图像和尺寸。当装饰结构与建筑结构所用材料相同时,它们的剖断面表示方法是一致的。现代某些大型建筑的室内外装饰,并非是贴墙面、铺地面、

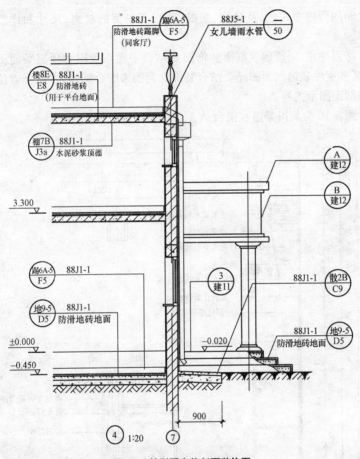

图 3-9　某别墅室外剖面装饰图

吊顶而已,因此要注意区分,以便了解它们之间的衔接关系、方式和尺寸。

(3)通过对剖面图中所示内容的阅读研究,明确装饰工程各部位的构造方法、构造尺寸,以及材料要求与工艺要求。

(4)建筑装饰形式变化多,程式化的做法少。作为基本图的装饰剖面图只能表明原则性的技术构成问题,具体细节还需要详图来补充说明。因此,我们在阅读建筑装饰剖面图时,还要注意按图中索引符号所示方向,找出各部位节点详图来仔细阅读,不断对照。弄清楚各连接点或装饰面之间的衔接方式,以及包边、盖缝、收口等细部的材料、尺寸和详细做法等。

特别注意:阅读建筑剖面装饰图要结合平面布置图和顶棚平面图进行,某些室外装饰剖面图还要结合装饰立面图来综合阅读,才能全方位地了解剖面图示内容。

图 3-10 为某川菜馆收银台 A 剖面图。

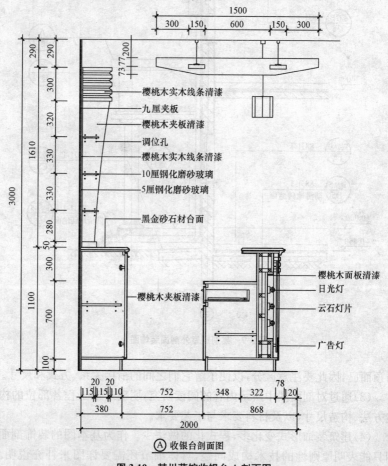

图 3-10 某川菜馆收银台 A 剖面图

图 3-11 为某川菜馆大厅 A 剖面图。

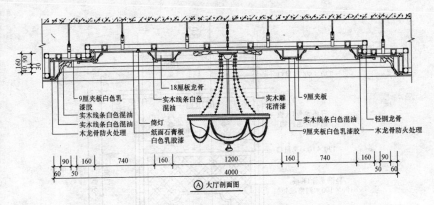

图 3-11　某川菜馆大厅 A 剖面图

第五节　装饰装修工程详图

一、装饰装修工程详图简介

在装饰装修施工中，有时由于受图纸幅面、比例的制约，对于装修细部、装修构配件及某些装修剖面图节点的详细构造，常常难以表达清楚，这样会给施工带来较大困难。鉴于这种情况，必须另外用放大的形式绘制图样才能表达清楚，满足施工的需要，这样的图样就称为详图。主要有装修构配件详图、剖面节点详图等，如图 3-12 和图 3-13 所示。

二、装饰装修工程节点详图

装饰装修节点详图是将两个或多个装饰面的交汇点或构造的连接部位，按垂直或水平方向剖开，并以较大比例绘出的详图。节点详图常采用的比例为 1∶1、1∶2、1∶5、1∶10，其中 1∶1 的详图又称为定尺图。节点详图是装饰工程中最基本和最具体的施工图。有时它供构配件详图引用，如图 3-14 和图 3-15 所示楼梯踏步、栏杆详图；有时又直接供基本图所引用，在装饰装修工程图中，装饰装修节点详图与构件详图具有同等重要的作用。

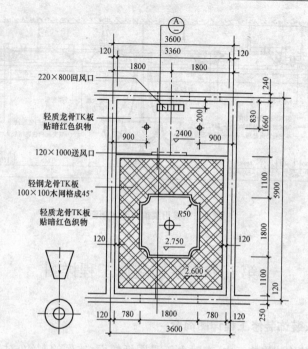

图 3-12 某室顶棚装修详图

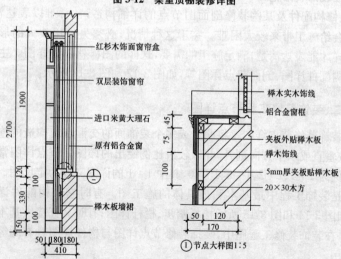

图 3-13 墙身剖面大样图

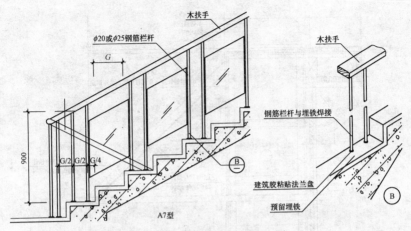

图3-14 楼梯踏步、栏杆详图(一)

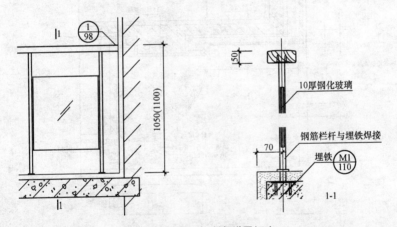

图3-15 楼梯踏步、栏杆详图(二)

特别注意:节点详图虽然表示的范围小,但涉及面大,特别是有些在该工程中带有普遍意义的节点图,虽表明的是一个连接点或交汇点,却代表着各个相同部位的构造做法。

1. 门节点详图

(1)门头节点详图。图3-16所示为门头节点详图。按照以下几方面对图形进行分析:

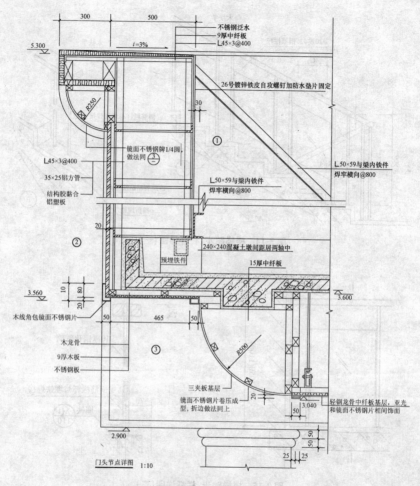

图 3-16 门头节点详图

1)门头上部造型体的结构形式与材料组成。从图中可以看出造型体的主体框架由 45×3 等边角钢组成。标高 5.30m 处用角钢挑出一个檐,檐下阴角处有一个 1/4 圆,由中纤板和方木为龙骨,圆面基层为三夹板。造型体底面是门廊顶棚,前沿顶棚是木龙骨,廊内顶棚是轻钢龙骨,基层面板均为中密度纤维板。前后迭级之间又有一个 1/4 圆,结构形式与檐下 1/4 圆相同。

2)装饰结构与建筑结构之间的连接方式。造型体的角钢框架,一边搁于钢筋混凝土雨篷上,用金属胀锚螺栓固定,另一边置于素混凝土墩和雨篷梁上,用一根通长槽钢将框架、雨篷梁及素混凝土墩连接在一起。框架与墙柱之间用 50mm×50mm 等边角钢斜撑拉结,以增加框架的稳定。

3)饰面材料与装饰结构材料之间的连接方式,以及各装饰面之间的衔接收口方式。造型体立面是铝塑板面层,用结构胶将其粘于铝方管上,然后用自攻螺钉将铝方管固定在框架上。门廊顶棚是镜面和亚光不锈钢片相间饰面,需折边 8mm 扣入基层板缝并加胶粘牢。立面铝塑板与底面不锈钢片之间用不锈钢片包木压条收口过渡。迭级之间 1/4 圆的连接与收口方法同上。

4)门头顶面排水方式。造型体顶面为单面内排水。不锈钢片泛水的排水坡度为 3‰,泛水内沿做有滴水线,框架内立面用镀锌铁皮封完,雨水通过滴水线排至雨篷,利用雨篷原排水构件将顶面雨水排至地面。

图中还注出了各部详细尺寸与标高、材料品种与规格、构件安装间距及各种施工要求内容等。

(2)内墙剖面节点详图。图 3-17 为某工程内墙剖面节点详图。其从上至下将建筑物内墙面的装饰做法都——进行了说明。与被索引图纸对应,可知该剖面的剖切方向。从上至下阅读:

1)最上面是轻钢龙骨吊顶、TK 板面层、宫粉色水性立邦漆饰面。顶棚与墙面相交处用 GX-07 石膏阴角线收口,护壁板上口墙面用钢化仿瓷涂料饰面。

2)墙面中段是护壁板,护壁板面中部凹进 5mm,凹进部分嵌装 25mm 厚海绵,并用印花防火布包面。护壁板面无软包处贴水曲柳微薄木,清水涂饰工艺。薄木与防火布两种不同饰面材料之间用直径为 20mm 的 1/4 圆木线收口,护壁上下用线脚⑩压边。

3)墙面下段是墙裙,与护壁板连在一起,做法基本相同,通过线脚②区分开来。

4)木护壁内防潮处理措施及其他内容。护壁内墙面刷热沥青一道,干铺油毡一层。所有水平向龙骨均设有通气孔,护壁上口和锡脚板上也设有通气孔或槽,使护壁板内保持通风干燥。图中还注出了各部尺寸和标高、木龙骨的规格和通气孔的大小和间距、其他材料的规格及品种等内容。

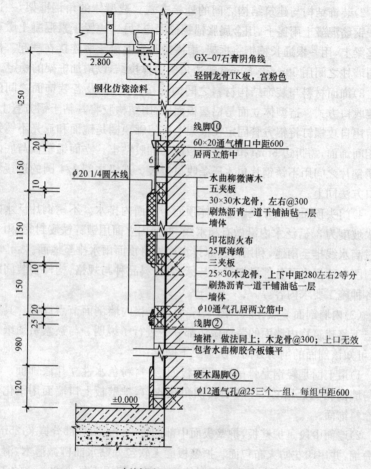

图 3-17 内墙剖面节点详图

三、装饰装修工程构配件详图

建筑装饰所属的构配件项目很多。它包括室内各种配套设施,如酒吧台、酒吧柜、服务台、售货柜和各种家具;还包括结构上的一些装饰构件,如装饰门、门窗套、装饰隔断、花格、楼梯栏板(杆)等。这些配置体和构件受图幅和比例的限制,在基本图中无法精确表达,所以要根据设计意图另行作出比例较大的图样,来详细表明它们的式样、用料、尺寸、做法

第三章　装饰装修施工图识读

等,这些图样均为装饰构配件详图。

装饰装修构配件详图的主要内容有详图符号、图名、比例;构配件的形状、详细构造、层次、详细尺寸和材料图例;构配件各部分所用材料的品名、规格、色彩以及施工做法要求等;部分需放大比例详图的索引符号和节点详图。

特别注意:在阅读装饰装修构配件详图时,应先看详图符号和图名,弄清从何图索引而来。阅读时要注意联系被索引图样,并进行核对,检查它们之间在尺寸和构造方法上是否相符。

在阅读构配件详图时,首先要了解各部件的装配关系和内部结构,紧紧抓住尺寸、详细做法和工艺要求三个要点。

1. 门的装饰详图

门详图通常由立面图、节点剖面详图及技术说明等组成。如图3-18所示,阅读时仔细看门立面图都有哪些内容,门的节点详图又有哪些内容。

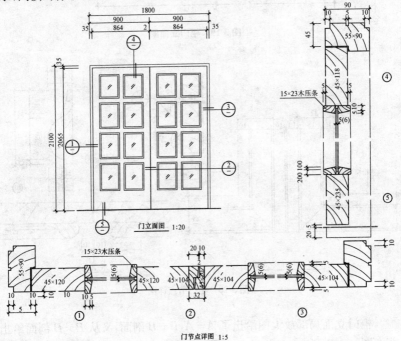

图3-18　门大样图、详图

2. 柜门的立面图及局部放大、节点详图

柜门的立面图和柜门立面局部放大、节点详图，如图 3-19 和图 3-20 所示。

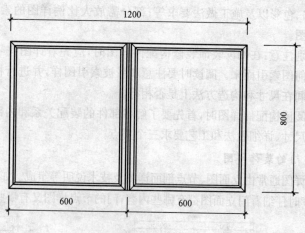

图 3-19　柜门立面图

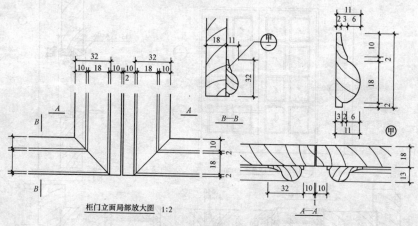

柜门立面局部放大图　1:2

图 3-20　柜门节点详图

柜门立面局部放大图给出了 $A-A$，$B-B$ 剖面，又从 $B-B$ 剖面给出节点图。

3. 楼梯栏板、节点详图

楼梯栏板详图,通常包括局部剖面图、顶层栏板(杆)立面图、扶手大样图、踏步和其他部位节点图。其主要表明栏板、杆的形式、尺寸、材料;栏板与扶手、踏步、顶层尽端的连接构造;踏步的饰面形式和防滑条的安装方式;扶手和其他构件的断面和尺寸等内容。楼梯栏板、节点详图如图3-21所示。

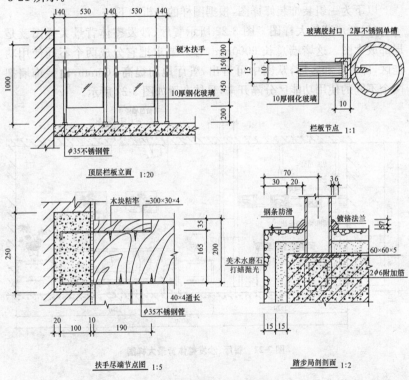

图3-21 楼梯栏板、节点详图

楼梯详图的识图从以下几个方面进行:

(1)顶层栏板立面图尺寸,详细做法。扶手采用的是硬木扶手 $\phi 35$ 不锈钢管,中间连接的是10mm厚钢化玻璃。

(2)扶手尽端节点图,40×4 通长扁铁进入墙体,墙体与栏板连接处现浇混凝土块深120mm,高250mm。

(3) 栏板节点，采用 10mm 厚钢化玻璃边与 10mm 深 2mm 厚的不锈钢单槽。玻璃胶封口，由自攻螺丝与不锈钢管连接。

(4) 踏步局部剖面图，踏步面采用的是美术水磨石打蜡抛光，踏步面设有防滑铜条，栏杆的中心到踏步边 70mm，栏杆底部与预埋件相连。

四、装饰装修工程详图识读示例

以下为一组装饰装修详图，根据图样的分析如下：

(1) 餐厅背景大样图。图 3-22 所示餐厅、沙发整体背景大样图就是局部放大图。这堵墙总长 6000mm，客户要求把它分成两个不同使用功能区，即餐厅和客厅，从图中可看出，餐厅地面提高 100mm，由装饰墙把两个不同的使用功能区分隔开来，具体布置如图 3-22 所示。

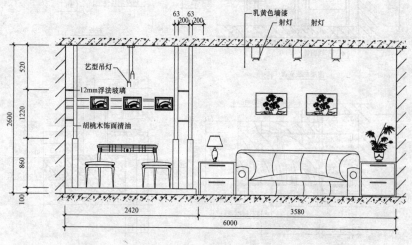

图 3-22 餐厅、沙发整体背景大样图

(2) 电视背景墙大样图。图 3-23 所示为电视背景墙 A 大样图，这个客厅有 3700mm 宽，层高 2600mm，电视柜高 400mm，它的墙面布置及装饰如图 3-23 所示。图 3-24 是电视背景墙 B 大样图，这堵背景墙较电视背景墙 A 更现代派些，艺术感比较强，背景墙体艺术品装饰部分和卧室门融为一体，简洁大方、美观。

第三章 装饰装修施工图识读

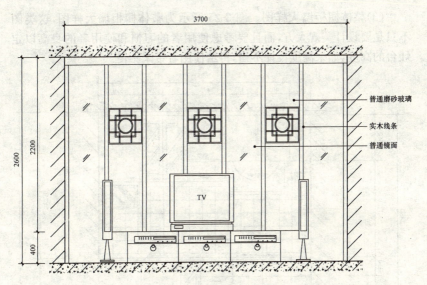

图 3-23　电视背景墙 A 大样图

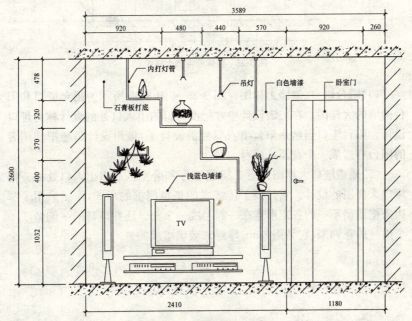

图 3-24　电视背景墙 B 大样图

(3)整体橱柜墙大样图。图3-25所示为整体橱柜墙大样图,这类图不只是要设计美观大方,而且要考虑使用者的习惯和使用者的身高以定灶台的高度,如果高度设计不当,将给使用者带来不便。

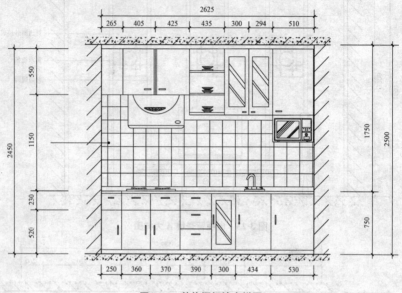

图3-25　整体橱柜墙大样图

(4)阳台垭口、侧墙大样图。图3-26和图3-27所示为阳台垭口和阳台侧墙的大样图。在装饰设计中常把没有门的出入口处的设计称为垭口设计。阳台垭口当然是阳台出入口处的设计了,该组设计是想把使用者的阳台打造成一个花园式阳台。

(5)通道垭口大样图。图3-28是客厅和卧室区通道出入口处的一幅垭口大样图的设计。它打破了传统式的整包门框的形式,而是采用了窄边条把造型不一的各矩形连在一起组成一个框。还在垭口的一侧做了一个简易的花饰架,它是用8mm厚浮法玻璃组成的。

第三章 装饰装修施工图识读

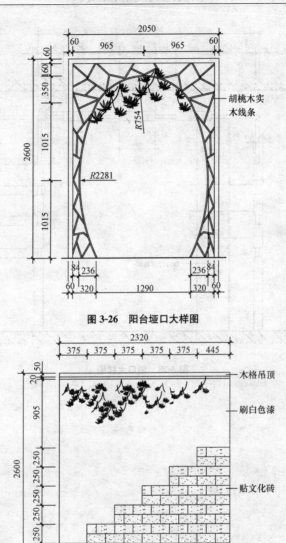

图 3-26 阳台垭口大样图

图 3-27 阳台侧墙大样图

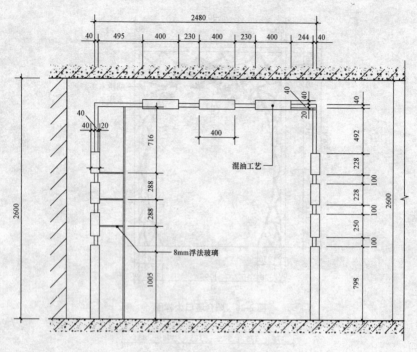

图 3-28 垭口大样图

第四章 楼地面工程施工图识读

第一节 楼地面概述

一、楼地面构造组成

楼地面是室内空间的底界面,通常是指在普通水泥或混凝土地面和其他地层表面上所作的饰面层。如图 4-1 所示为楼地面示意图。

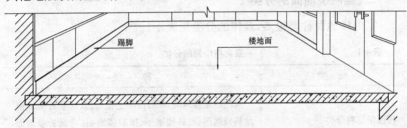

图 4-1 楼地面示意图

(1)面层——直接承受各种物理和化学作用的建筑地面表面层;建筑地面的名称按其面层名称而定。

(2)结合层——面层与下一构造层相联结的中间层,也可作为面层的弹性基层。

(3)基层——面层下的构造层,包括填充层、隔离层、找平层、垫层和基土等。

(4)填充层——当面层、垫层和基土(或结构层)尚不能满足使用上或构造上的要求而增设的填充层,在建筑地面上起隔声、保温、找坡或敷设暗管线等作用的构造层。

(5)隔离层——防止建筑地面上种种液体(指水、油渗、非腐蚀性液体和腐蚀性液体)浸湿和作用,或防止地下水和潮气渗透地面作用的构造层。仅为防止地下潮气透过地面时,可称作防潮层。

(6)找平层——在垫层上、楼板上或填充层(轻质、松散材料)上起整平、找坡或加强作用的构造层。

(7)垫层——承受并传递地面荷载至基土上的构造层。

(8)基土——地面垫层下的土层。

(9)缩缝——防止水泥混凝土垫层在气温降低时产生不规则裂缝而设置的收缩缝。

(10)伸缝——防止水泥混凝土垫层在气温升高时在缩缝边缘产生挤碎或拱起而设置的伸胀缝。

(11)纵向缩缝——平行于混凝土施工流水作业方向的缩缝。

(12)横向缩缝——垂直于混凝土施工流水作业方向的缩缝。

二、室内楼地面的分类

室内楼地面种类很多,具体的分类见表4-1。

表4-1　　　　　　　　室内楼地面的分类

分 类	种 类
按面层材料分类	水泥砂浆楼地面、细石混凝土楼地面、水磨石楼地面、涂料楼地面、塑料楼地面、橡胶楼地面、花岗岩楼地面、大理石楼地面、地砖楼地面、木楼地面、地毯楼地面
按使用功能分类	不发火楼地面、防静电楼地面、防油楼地面、低温辐射热水采暖楼地面、防腐蚀楼地面、种植土(绿化)楼地面、综合布线楼地面
按装饰效果分类	美术楼地面、席纹楼地面、拼花楼地面
按构造方法和施工工艺分类	整体式楼地面、板块式楼地面、木竹楼地面

三、楼地面装饰构造

(一)室外地面装饰构造

室外地面装饰具有限定空间、美化环境、引导交通的作用,由面层、结合层、基层和垫层组成。

1. 室外广场砖地面

广场砖种类有陶瓷或琉璃类砖和以水泥为胶凝材料的大理石或花岗石石材砖。适用于在行人便道、小型广场、庭院、屋顶花园等室外部位装饰。

2. 室外预制混凝土砖地面

预制混凝土砖地面适用于一般的散步游览道、草坪路、街道人行道等室外部位装饰,其构造形式如图 4-2 所示。

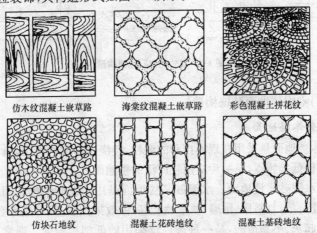

图 4-2　预制混凝土砖地面形式

3. 室外碎拼大理石地面

碎拼大理石地面适用于园林小径、小型广场、大空间地面装饰,其构造做法如图 4-3 所示。

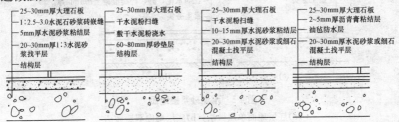

图 4-3　碎拼大理石地面构造

4. 室外花岗石地面

花岗石广泛用于室外装饰,其构造做法如图4-4所示。

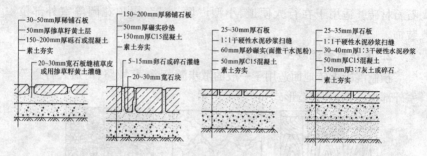

图4-4 室外花岗石地面构造

(二)室内楼地面装饰构造

1. 整体楼地面

整体楼地面是采用在现场拌和的湿料,经浇抹形成的面层,具有构造简单,造价低等特点,是一种应用较广泛的楼地面。

(1)水泥砂浆楼地面。水泥砂浆楼地面是用水泥砂浆模压而成。其构造比较简单,且坚固、耐磨、防水性能好,但效果图较差、导热系数大、易结露、易起灰、不易清洁,是一种被广泛采用的低档楼地面。通常有单面层和双面层两种做法,如图4-5所示。

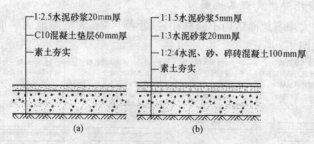

图4-5 水泥砂浆楼地面
(a)底层地面单层做法;(b)底层地面双层做法

水泥混凝土楼地面构造做法见表4-2。

表 4-2　　　水泥混凝土楼地面构造做法识读

名称	简图	构造做法	
		地面	楼面
水泥砂浆面层	(D=80, d=60, L=20) 地面　楼面	(1)20厚1:2.5水泥砂浆； (2)水泥浆一道(内掺建筑胶) (3)60厚C15混凝土垫层； (4)素土夯实	(3)现浇钢筋混凝土楼板或预制楼板现浇叠合层
水泥砂浆面层	(D=230, d=60, L=80) 地面　楼面	(1)20厚1:2.5水泥砂浆； (2)水泥浆一道(内掺建筑胶) (3)60厚C15混凝土垫层； (4)150厚碎石夯入土中	(3)60厚LC7.5轻骨料混凝土； (4)现浇钢筋混凝土楼板或预制楼板现浇叠合层
水泥砂浆面层(有防水层)	(D=290, d=60, L=140) 地面　楼面	(1)15厚1:2.5水泥砂浆； (2)35厚C15细石混凝土； (3)1.5厚聚氨酯防水层或2厚聚合物水泥基防水涂料； (4)1:3水泥砂浆或最薄处30厚C20细石混凝土找坡层抹平 (5)水泥浆一道(内掺建筑胶)； (6)60厚C15混凝土垫层； (7)150厚碎石夯入土中	(5)60厚LC7.5轻骨料混凝土； (6)现浇钢筋混凝土楼板或预制楼板现浇叠合层

(续一)

名称	简图	构造做法	
		地面	楼面
水泥豆石面层	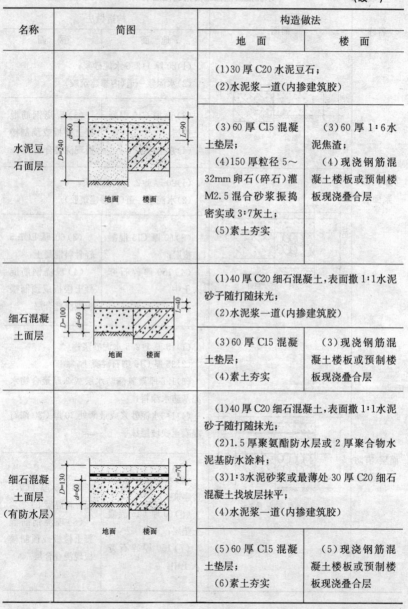	(1)30厚C20水泥豆石； (2)水泥浆一道(内掺建筑胶) (3)60厚C15混凝土垫层； (4)150厚粒径5~32mm卵石(碎石)灌M2.5混合砂浆振捣密实或3:7灰土； (5)素土夯实	(3)60厚1:6水泥焦渣； (4)现浇钢筋混凝土楼板或预制楼板现浇叠合层
细石混凝土面层		(1)40厚C20细石混凝土，表面撒1:1水泥砂子随打随抹光； (2)水泥浆一道(内掺建筑胶) (3)60厚C15混凝土垫层； (4)素土夯实	(3)现浇钢筋混凝土楼板或预制楼板现浇叠合层
细石混凝土面层 (有防水层)		(1)40厚C20细石混凝土，表面撒1:1水泥砂子随打随抹光； (2)1.5厚聚氨酯防水层或2厚聚合物水泥基防水涂料； (3)1:3水泥砂浆或最薄处30厚C20细石混凝土找坡层抹平； (4)水泥浆一道(内掺建筑胶) (5)60厚C15混凝土垫层； (6)素土夯实	(5)现浇钢筋混凝土楼板或预制楼板现浇叠合层

(续二)

名称	简图	构造做法	
		地面	楼面
彩色混凝土面层	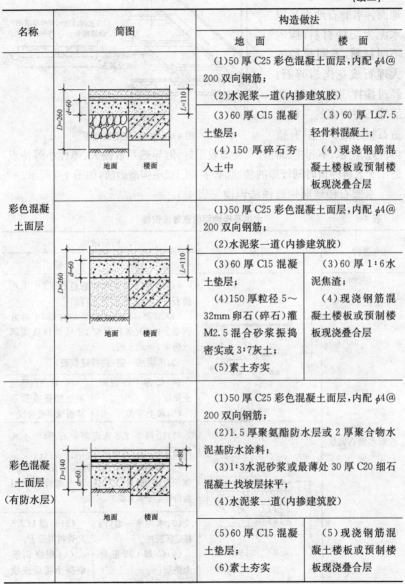	(1)50厚C25彩色混凝土面层,内配φ4@200双向钢筋; (2)水泥浆一道(内掺建筑胶) (3)60厚C15混凝土垫层; (4)150厚碎石夯入土中	(3)60厚LC7.5轻骨料混凝土 (4)现浇钢筋混凝土楼板或预制楼板现浇叠合层
		(1)50厚C25彩色混凝土面层,内配φ4@200双向钢筋; (2)水泥浆一道(内掺建筑胶) (3)60厚C15混凝土垫层; (4)150厚粒径5~32mm卵石(碎石)灌M2.5混合砂浆振捣密实或3:7灰土; (5)素土夯实	(3)60厚1:6水泥焦渣 (4)现浇钢筋混凝土楼板或预制楼板现浇叠合层
彩色混凝土面层(有防水层)		(1)50厚C25彩色混凝土面层,内配φ4@200双向钢筋; (2)1.5厚聚氨酯防水层或2厚聚合物水泥基防水涂料; (3)1:3水泥砂浆或最薄处30厚C20细石混凝土找坡层抹平; (4)水泥浆一道(内掺建筑胶)	
		(5)60厚C15混凝土垫层; (6)素土夯实	(5)现浇钢筋混凝土楼板或预制楼板现浇叠合层

注:D为地面总厚度;d为垫层、填充层厚度;L为楼面建筑构造总厚度(结构层以上总厚度)。

(2)现浇水磨石楼地面。水磨石地面是以水泥为交接材料,掺入不同材料,不同粒径的大理石或花岗岩碎石,经过搅拌成型、养护、研磨等工序而成的一种人造石材屋面。它具有整体性好、防水、不起尘、易清洁、装饰效果好,但导热系数偏大、弹性小等特点,适用于人群停留时间较短的楼地面,多采用双层构造做法,如图4-6所示。

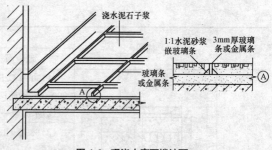

图4-6 现浇水磨石楼地面

水磨石楼地面构造做法识读见表4-3。

表4-3 水磨石楼地面构造做法识读

名称	简图	构造做法	
		地面	楼面
现制水磨石面层	地面 楼面 (D=60)	(1)10厚1∶2.5水泥彩色石子(中小八厘石子)地面,表面磨光打蜡; (2)20厚1∶3水泥砂浆结合层,干后卧铜条分格(铜条打眼穿22号镀锌低碳钢丝卧牢,每米4眼); (3)水泥浆一道(内掺建筑胶) (4)60厚C15混凝土垫层; (5)素土夯实	(4)现浇钢筋混凝土楼板或预制楼板现浇叠合层
	地面 楼面 (D=240)	(1)10厚1∶2.5水泥彩色石子(中小八厘石子)地面,表面磨光打蜡; (2)20厚1∶3水泥砂浆结合层,干后卧铜条分格(铜条打眼穿22号镀锌低碳钢丝卧牢,每米4眼) (3)水泥浆一道(内掺建筑胶); (4)60厚C15混凝土垫层; (5)150厚碎石夯入土中	(3)60厚LC7.5轻骨料混凝土; (4)现浇钢筋混凝土楼板或预制楼板现浇叠合层

(续一)

名称	简图	构造做法	
		地 面	楼 面
现制水磨石面层(有防水层)	地面 楼面	(1)10厚1:2.5水泥彩色石子(中小八厘石子)地面,表面磨光打蜡; (2)20厚1:3水泥砂浆结合层,干后卧铜条分格(铜条打眼穿22号镀锌低碳钢丝卧牢,每米4眼); (3)1.5厚聚氨酯防水层或2厚聚合物水泥基防水涂料; (4)1:3水泥砂浆或最薄处30厚C20细石混凝土找坡层抹平; (5)水泥浆一道(内掺建筑胶)	
		(6)60厚C15混凝土垫层; (7)素土夯实	(6)现浇钢筋混凝土楼板或预制楼板现浇叠合层
	地面 楼面	(1)10厚1:2.5水泥彩色石子(中小八厘石子)地面,表面磨光打蜡; (2)20厚1:3水泥砂浆结合层,干后卧铜条分格(铜条打眼穿22号镀锌低碳钢丝卧牢,每米4眼); (3)1.5厚聚氨酯防水层或2厚聚合物水泥基防水涂料; (4)1:3水泥砂浆或最薄处30厚C20细石混凝土找坡层抹平	
		(5)水泥浆一道(内掺建筑胶); (6)60厚C15混凝土垫层; (7)150厚碎石夯入土中	(5)60厚LC7.5轻骨料混凝土; (6)现浇钢筋混凝土楼板或预制楼板现浇叠合层

(续二)

名称	简图	构造做法	
		地面	楼面
预制水磨石面层		(1)25厚预制水磨石板,稀水泥浆灌缝并打蜡出光; (2)20厚1:3干硬性水泥砂浆结合层,表面撒水泥粉	
		(3)水泥浆一道(内掺建筑胶); (4)60厚C15混凝土垫层; (5)150厚粒径5～32mm卵石(碎石)灌M2.5混合砂浆振捣密实或3:7灰土; (6)素土夯实	(3)60厚1:6水泥焦渣; (4)现浇钢筋混凝土楼板或预制楼板现浇叠合层
预制水磨石面层(有防水层)		(1)25厚预制水磨石板,稀水泥浆灌缝并打蜡出光; (2)20厚1:3干硬性水泥砂浆结合层,表面撒水泥粉; (3)1.5厚聚氨酯防水层或2厚聚合物水泥基防水涂料; (4)1:3水泥砂浆或最薄处30厚C20细石混凝土找坡层抹平	
		(5)水泥浆一道(内掺建筑胶); (6)60厚C15混凝土垫层; (7)150厚碎石夯入土中	(5)60厚LC7.5轻骨料混凝土; (6)现浇钢筋混凝土楼板或预制楼板现浇叠合层

2. 块材楼地面

块材楼地面属于中高档楼地面,它是通过铺贴各种天然或人造的预制块材或板材而形成的建筑地面。这种楼地面易清洁、经久耐用、花色品种多、装饰效果强,但工效低、价格高,主要适用于人流量大、清洁要求和装饰要求高的建筑。

(1)砖楼地面。采用陶瓷地砖、陶瓷锦砖(马赛克)、缸砖等地板材料铺设的面层统称为砖楼地面,其特点是表面致密光洁、耐磨、吸水率低、不变色,属于小型块材,其构造做法如图 4-7 所示。

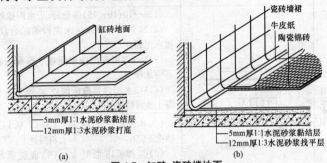

图 4-7 缸砖、瓷砖楼地面
(a)缸砖楼地面;(b)陶瓷锦砖楼地面

地砖楼地面构造做法识读见表 4-4。

表 4-4 地砖楼地面构造做法识读

名称			简图	构造做法	
				地 面	楼 面
面层	地砖	无防水层		(1)8~10(10~15)厚地砖,干水泥擦缝; (2)20 厚 1:3 干硬性水泥砂浆结合层,表面撒水泥粉; (3)水泥浆一道(内掺建筑胶) (4)60 厚 C15 混凝土垫层; (5)素土夯实	(4)现浇钢筋混凝土楼板或预制楼板现浇叠合层
				(1)8~10(10~15)厚地砖,干水泥擦缝; (2)20 厚 1:3 干硬性水泥砂浆结合层,表面撒水泥粉 (3)水泥浆一道(内掺建筑胶); (4)60 厚 C15 混凝土垫层; (5)150 厚碎石夯入土中	(3)60 厚 LC7.5 轻骨料混凝土; (4)现浇钢筋混凝土楼板或预制楼板现浇叠合层

(续一)

名称		简图	构造做法	
			地面	楼面
面层	地砖 有防水层	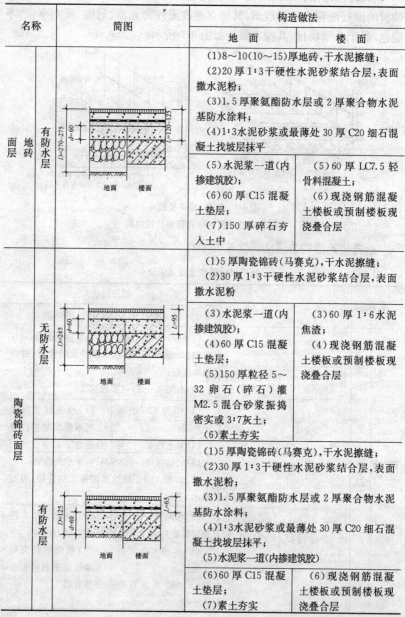	(1)8～10(10～15)厚地砖,干水泥擦缝; (2)20厚1:3干硬性水泥砂浆结合层,表面撒水泥粉; (3)1.5厚聚氨酯防水层或2厚聚合物水泥基防水涂料; (4)1:3水泥砂浆或最薄处30厚C20细石混凝土找坡层抹平	
			(5)水泥浆一道(内掺建筑胶); (6)60厚C15混凝土垫层; (7)150厚碎石夯入土中	(5)60厚LC7.5轻骨料混凝土; (6)现浇钢筋混凝土楼板或预制楼板现浇叠合层
陶瓷锦砖面层	无防水层		(1)5厚陶瓷锦砖(马赛克),干水泥擦缝; (2)30厚1:3干硬性水泥砂浆结合层,表面撒水泥粉	
			(3)水泥浆一道(内掺建筑胶); (4)60厚C15混凝土垫层; (5)150厚粒径5～32卵石(碎石)灌M2.5混合砂浆振捣密实或3:7灰土; (6)素土夯实	(3)60厚1:6水泥焦渣; (4)现浇钢筋混凝土楼板或预制楼板现浇叠合层
	有防水层		(1)5厚陶瓷锦砖(马赛克),干水泥擦缝; (2)30厚1:3干硬性水泥砂浆结合层,表面撒水泥粉; (3)1.5厚聚氨酯防水层或2厚聚合物水泥基防水涂料; (4)1:3水泥砂浆或最薄处30厚C20细石混凝土找坡层抹平; (5)水泥浆一道(内掺建筑胶)	
			(6)60厚C15混凝土垫层; (7)素土夯实	(6)现浇钢筋混凝土楼板或预制楼板现浇叠合层

(2)花岗石板、大理石板楼地面。大理石、花岗石楼地面是天然大理石、花岗石板材铺设在结合层上的高级装饰楼地面。花岗石板、大理石板的尺寸一般为(300mm×300mm)~(600mm×600mm),厚度为20~30mm,属于高级楼地面材料。花岗石板的耐磨性与装饰效果好,但价格昂贵。其构造做法如图4-8所示。

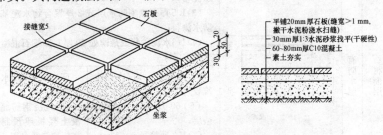

图4-8 花岗石板、大理石板楼地面

识读分析:从图4-8可以看出,花岗石板、大理石板楼地面板材铺设前,应按房间尺寸预定制作;铺设时需预先试铺,合适后再开始正式粘贴,先在混凝土垫层或楼板找平层上实铺30mm厚1:(3~4)干硬性水泥砂浆作结合层,上面撒素水泥面(洒适量清水),然后铺贴楼地面板材,缝隙挤紧,用橡皮锤或木锤敲实,最后用素水泥浆擦缝。

石材楼地面构造做法识读见表4-5。

表4-5　　　　　　　石材楼地面构造做法识读

名称		简图	构造做法	
			地面	楼面
石材面层	无防水层		(1)20厚磨光石材板,水泥浆擦缝; (2)30厚1:3干硬性水泥砂浆结合层,表面撒水泥粉 (3)水泥浆一道(内掺建筑胶); (4)60厚C15混凝土垫层; (5)150厚碎石夯入土中	(3)60厚LC7.5轻骨料混凝土; (4)现浇钢筋混凝土楼板或预制楼板现浇叠合层

(续)

名称		简图	构造做法	
			地面	楼面
石材面层	有防水层	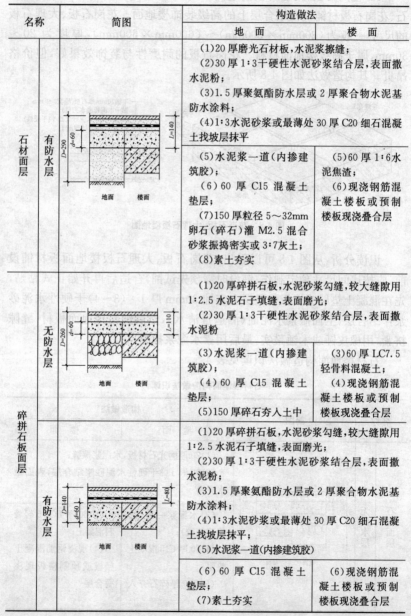 地面 楼面	(1)20厚磨光石材板,水泥浆擦缝; (2)30厚1:3干硬性水泥砂浆结合层,表面撒水泥粉; (3)1.5厚聚氨酯防水层或2厚聚合物水泥基防水涂料; (4)1:3水泥砂浆或最薄处30厚C20细石混凝土找坡层抹平	
			(5)水泥浆一道(内掺建筑胶); (6)60厚C15混凝土垫层; (7)150厚粒径5~32mm卵石(碎石)灌M2.5混合砂浆振捣密实或3:7灰土; (8)素土夯实	(5)60厚1:6水泥焦渣; (6)现浇钢筋混凝土楼板或预制楼板现浇叠合层
碎拼石板面层	无防水层	地面 楼面	(1)20厚碎拼石板,水泥砂浆勾缝,较大缝隙用1:2.5水泥石子填缝,表面磨光; (2)30厚1:3干硬性水泥砂浆结合层,表面撒水泥粉	
			(3)水泥浆一道(内掺建筑胶); (4)60厚C15混凝土垫层; (5)150厚碎石夯入土中	(3)60厚LC7.5轻骨料混凝土; (4)现浇钢筋混凝土楼板或预制楼板现浇叠合层
	有防水层	地面 楼面	(1)20厚碎拼石板,水泥砂浆勾缝,较大缝隙用1:2.5水泥石子填缝,表面磨光; (2)30厚1:3干硬性水泥砂浆结合层,表面撒水泥粉; (3)1.5厚聚氨酯防水层或2厚聚合物水泥基防水涂料; (4)1:3水泥砂浆或最薄处30厚C20细石混凝土找坡层抹平; (5)水泥浆一道(内掺建筑胶)	
			(6)60厚C15混凝土垫层; (7)素土夯实	(6)现浇钢筋混凝土楼板或预制楼板现浇叠合层

3. 木楼地面

木楼地面是一种高级楼地面的类型,具有弹性好、不起尘、易清洁和导热系数小的特点,按其构造方式,木楼地面可分为空铺式和实铺式两种。

(1) 空铺式木楼地面。空铺式木楼地面的构造比较复杂,是将支撑木地板的格栅架空搁置,使地板下有足够的空间便于通风,防止木地板受潮变形。空铺式木楼地面耗费木材量较多,造价较高,多不采用,主要用于要求环境干燥且对楼地面有较高的弹性要求的房间,其构造做法如图4-9所示。

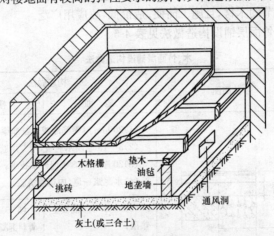

图4-9 空铺式木地面

(2) 实铺式木楼地面。实铺式木楼地面有铺钉式和粘贴式两种做法。当在地坪层上采用实铺式木楼地面时,必须在混凝土垫层上设防潮层。其构造做法如图4-10所示。

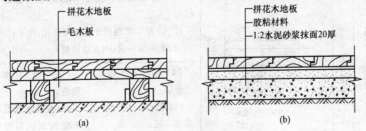

图4-10 拼花木楼地面的构造
(a) 铺钉式;(b) 粘贴式

识读分析:从图4-10可以看出:

1)铺钉式木地面是将木格栅搁置在楼板结构层上,格栅上再铺钉木地板。木格栅的断面尺寸一般为50mm×50mm或50mm×70mm,其间距为400~500mm,然后在木格栅上铺定木板材。木板材可采用单层和双层做法,铺钉式拼花木楼地面的构造如图4-10(a)所示。

2)粘贴式木楼地面是将木地板用粘结材料直接粘贴在找平层上的地面,其构造如图4-10(b)所示。由于省去了格栅,粘贴式木楼地面比铺钉式木楼地面节约木材,且施工简便、造价低,故应用广泛。

(3)木、竹面层铺设构造做法见表4-6。

表4-6　　　　　　　木、竹面层铺设构造做法

名称	简图	构造做法	
		地面	楼面
硬木地板面层	(图)	(1)200μm厚聚酯漆或聚氨酯漆; (2)8~15厚硬木地板,用专用胶粘贴; (3)20厚1:2.5水泥砂浆找平; (4)水泥浆一道(内掺建筑胶) (5)60厚C15混凝土垫层; (6)浮铺0.2厚塑料薄膜一层; (7)150厚碎石夯入土中	(5)60厚LC7.5轻骨料混凝土; (6)现浇钢筋混凝土楼板或预制楼板现浇叠合层
强化复合木地板面层	无弹性垫(图)	(1)8厚强化企口复合木地板(企榫涂胶粘结); (2)40厚C20混凝土随打随抹光,找平; (3)水泥浆一道(内掺建筑胶) (4)60厚C15混凝土垫层; (5)浮铺0.2厚塑料薄膜一层; (6)150厚3:7灰土; (7)素土夯实	(4)60厚1:6水泥焦渣; (5)现浇钢筋混凝土楼板或预制楼板现浇叠合层

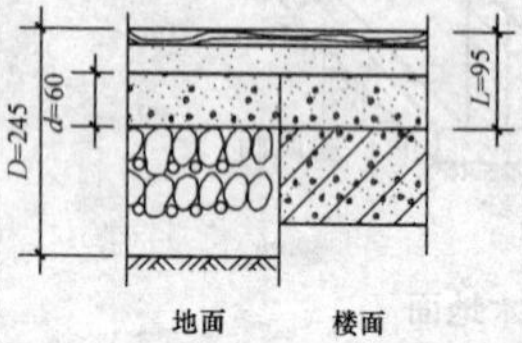

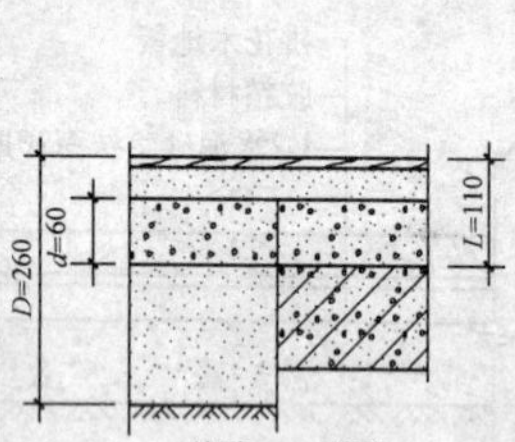

(续一)

名称	简图	构造做法	
		地面	楼面
强化复合木地板面层 有弹性垫	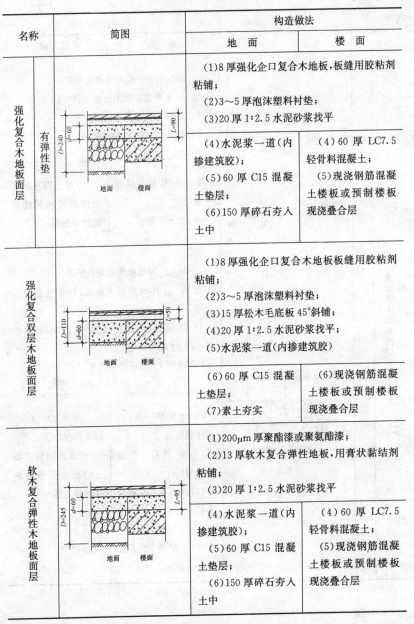	(1)8厚强化企口复合木地板,板缝用胶粘剂粘铺; (2)3～5厚泡沫塑料衬垫; (3)20厚1:2.5水泥砂浆找平	
		(4)水泥浆一道(内掺建筑胶); (5)60厚C15混凝土垫层; (6)150厚碎石夯入土中	(4)60厚LC7.5轻骨料混凝土; (5)现浇钢筋混凝土楼板或预制楼板现浇叠合层
强化复合双层木地板面层		(1)8厚强化企口复合木地板板缝用胶粘剂粘铺; (2)3～5厚泡沫塑料衬垫; (3)15厚松木毛底板45°斜铺; (4)20厚1:2.5水泥砂浆找平; (5)水泥浆一道(内掺建筑胶)	
		(6)60厚C15混凝土垫层; (7)素土夯实	(6)现浇钢筋混凝土楼板或预制楼板现浇叠合层
软木复合弹性木地板面层		(1)200μm厚聚酯漆或聚氨酯漆; (2)13厚软木复合弹性地板,用膏状黏结剂粘铺; (3)20厚1:2.5水泥砂浆找平	
		(4)水泥浆一道(内掺建筑胶); (5)60厚C15混凝土垫层; (6)150厚碎石夯入土中	(4)60厚LC7.5轻骨料混凝土; (5)现浇钢筋混凝土楼板或预制楼板现浇叠合层

(续二)

名称		简图	构造做法	
			地面	楼面
橡胶软木地板面层	单层	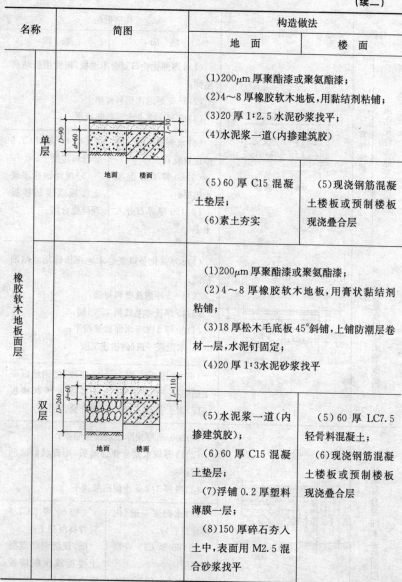 地面 楼面	(1)200μm 厚聚酯漆或聚氨酯漆; (2)4~8 厚橡胶软木地板,用黏结剂粘铺; (3)20 厚 1:2.5 水泥砂浆找平; (4)水泥浆一道(内掺建筑胶)	
			(5)60 厚 C15 混凝土垫层; (6)素土夯实	(5)现浇钢筋混凝土楼板或预制楼板现浇叠合层
	双层	地面 楼面	(1)200μm 厚聚酯漆或聚氨酯漆; (2)4~8 厚橡胶软木地板,用膏状黏结剂粘铺; (3)18 厚松木毛底板 45°斜铺,上铺防潮层卷材一层,水泥钉固定; (4)20 厚 1:3 水泥砂浆找平	
			(5)水泥浆一道(内掺建筑胶); (6)60 厚 C15 混凝土垫层; (7)浮铺 0.2 厚塑料薄膜一层; (8)150 厚碎石夯入土中,表面用 M2.5 混合砂浆找平	(5)60 厚 LC7.5 轻骨料混凝土; (6)现浇钢筋混凝土楼板或预制楼板现浇叠合层

第四章　楼地面工程施工图识读

(续三)

名称	简图	构造做法	
		地面	楼面
架空单层木地板面层		(1)200μm 厚聚酯漆或聚氨酯漆； (2)100×25 长条松木地板或 100×18 长条硬木企口地板； (背面满刷氟化钠防腐剂)； (3)50×50 木龙骨@400,表面刷防腐剂	
		(4)60 厚 C15 混凝土垫层； (5)150 厚粒径 5～32 卵石(碎石)灌 M2.5 混合砂浆振捣密实或 3:7 灰土； (6)素土夯实	(4)60 厚 1:6 水泥焦渣； (5)现浇钢筋混凝土楼板或预制楼板现浇叠合层
架空双层硬木地板面层		(1)200μm 厚聚酯漆或聚氨酯漆； (2)50×18 硬木企口拼花(席纹)地板； (3)18 厚松木毛底板 45°斜铺(稀铺),上铺防潮卷材一层； (4)50×50 木龙骨@400,表面刷防腐剂	
		(5)60 厚 C15 混凝土垫层； (6)素土夯实	(5)现浇钢筋混凝土楼板或预制楼板现浇叠合层
架空双层软木地板面层		(1)200μm 厚聚酯漆或聚氨酯漆； (2)4~8 厚软木地板,用膏状黏结剂粘铺； (3)18 厚松木毛底板 45°斜铺,上铺防潮卷材一层； (4)50×50 木龙骨@400,表面刷防腐剂	
		(5)60 厚 C15 混凝土垫层； (6)浮铺 0.2 厚塑料薄膜一层； (7)150 厚碎石夯入土中,表面用 M2.5 混合砂浆找平	(4)60 厚 LC7.5 轻骨料混凝土； (5)现浇钢筋混凝土楼板或预制楼板现浇叠合层

(续四)

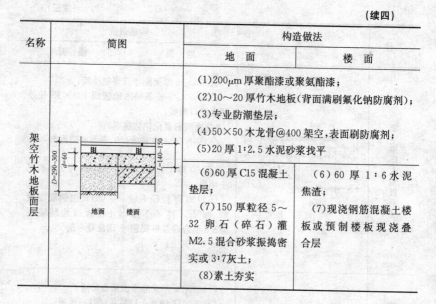

名称	简图	构造做法	
		地面	楼面
架空竹木地板面层		(1)200μm厚聚酯漆或聚氨酯漆; (2)10~20厚竹木地板(背面满刷氟化钠防腐剂); (3)专业防潮垫层; (4)50×50木龙骨@400架空,表面刷防腐剂; (5)20厚1:2.5水泥砂浆找平	
		(6)60厚C15混凝土垫层; (7)150厚粒径5~32卵石(碎石)灌M2.5混合砂浆振捣密实或3:7灰土; (8)素土夯实	(6)60厚1:6水泥焦渣; (7)现浇钢筋混凝土楼板或预制楼板现浇叠合层

四、楼地面特殊部位构造图识读

1. 踢脚板图识读

踢脚板是指楼地面与墙面交接处的构造处理,它的主要作用是遮盖楼地面与墙面的接风,保护墙面根部及墙面清洁。识读踢脚板图时,首先要了解踢脚板的构造。踢脚板的构造形式有三种,与墙面相平、凸出和凹进(图4-11),其高度一般为100~200mm,材料往往与地面材料相同,获得较好的整体效果。

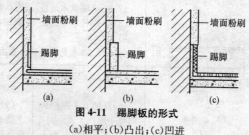

图4-11 踢脚板的形式
(a)相平;(b)凸出;(c)凹进

踢脚板的构造做法如下:
(1)水泥踢脚。水泥踢脚构造做法识读见表4-7。

表 4-7　　　　　　　　　　　水泥踢脚构造做法识读

名称	墙体类型	简图	构造做法
水泥砂浆踢脚	砖墙	ⓐ 墙体 H=100(120)	(1) 6厚1:2.5水泥砂浆抹面压实赶光； (2) 素水泥浆一道； (3) 6厚1:3水泥砂浆打底划出纹道
	混凝土墙 混凝土空心砌块墙		(1) 6厚1:2.5水泥砂浆抹面压实赶光； (2) 素水泥浆一道； (3) 8厚1:3水泥砂浆打底划出纹道； (4) 素水泥浆一道（内掺建筑胶）
	蒸压加气混凝土砌块墙		(1) 6厚1:2.5水泥砂浆抹面压实赶光； (2) 素水泥浆一道； (3) 5～7厚1:1:6水泥石灰膏砂浆打底划出纹道； (4) 3厚外加剂专用砂浆抹基底刮糙（抹前用水喷湿墙面）
	陶粒混凝土砌块墙		(1) 5厚1:2.5水泥砂浆抹面压实赶光； (2) 7厚1:3水泥砂浆打底扫毛或划出纹道； (3) 素水泥浆一道（内掺建筑胶）
彩色水泥踢脚	砖墙	ⓑ 墙体 H=100(120)	(1) 1厚建筑胶水泥(掺色)面层（三遍做法）； (2) 8厚1:0.5:2.5水泥石灰膏砂浆抹面压实赶光； (3) 8～10厚1:3水泥砂浆打底划出纹道
	混凝土墙 混凝土空心砌块墙		(1) 1厚建筑胶水泥(掺色)面层（三遍做法）； (2) 6厚1:0.5:2.5水泥石灰膏砂浆抹面压实赶平； (3) 8～10厚1:3水泥砂浆打底划出纹道； (4) 素水泥浆一道（内掺建筑胶）
	蒸压加气混凝土砌块墙		(1) 1厚建筑胶水泥(掺色)面层（三遍做法）； (2) 6厚1:0.5:2.5水泥石灰膏砂浆抹面压实赶平； (3) 5厚1:1:6水泥石灰膏砂浆打底划出纹道； (4) 3厚外加剂专用砂浆抹基底刮糙（抹前用水喷湿墙面）
	陶粒混凝土砌块墙		(1) 1厚建筑胶水泥(掺色)面层（三遍做法）； (2) 6厚1:0.5:2.5水泥石灰膏砂浆抹面压实赶平； (3) 5厚1:1:6水泥石灰膏砂浆打底划出纹道； (4) 素水泥浆一道（内掺建筑胶）

(2)水磨石踢脚。水磨石踢脚构造做法识读见表4-8。

表4-8　　　　　　　　水磨石踢脚构造做法识读

名称	墙体类型	简图	构造做法
现制水磨石踢脚	砖墙	ⓐ 墙体 $H=100(120)$	(1)10厚1:2.5水泥磨石面层(中小八厘石子); (2)素水泥浆一道; (3)8厚1:3水泥砂浆打底划出纹道
	大模混凝土墙 混凝土墙 混凝土空心砌块墙		(1)10厚1:2.5水泥磨石面层(中小八厘石子); (2)素水泥浆一道(内掺建筑胶); (3)8厚1:2水泥砂浆打底划出纹道; (4)素水泥浆一道(内掺建筑胶)
	蒸压加气混凝土砌块墙 加气混凝土条板墙		(1)10厚1:2.5水泥磨石面层(中小八厘石子); (2)素水泥浆一道(内掺建筑胶); (3)6厚1:2水泥砂浆打底划出纹道; (4)界面剂一道(甩前用水喷湿墙面)(用于加气混凝土条板墙)或3厚外加剂专用砂浆抹基底刮糙(抹前用水喷湿墙面); (用于蒸压加气混凝土砌块墙)
预制水磨石踢脚	砖墙	ⓑ 墙体 $H=100(120)$	(1)15厚预制水磨石板,稀水泥浆擦缝; (2)10厚1:2水泥砂浆粘结层
	大模混凝土墙 混凝土墙 混凝土空心砌块墙		(1)15厚预制水磨石板,稀水泥浆擦缝; (2)10厚1:2水泥砂浆粘结层; (3)素水泥浆一道(内掺建筑胶)
	蒸压加气混凝土砌块墙 加气混凝土条板墙		(1)15厚预制水磨石板,稀水泥浆擦缝; (2)9厚1:2水泥砂浆粘结层; (3)界面剂一道(甩前用水喷湿墙面)(用于加气混凝土条板墙)或3厚外加剂专用砂浆抹基底刮糙(抹前用水喷湿墙面); (用于蒸压加气混凝土砌块墙)

(3)地砖及石材踢脚构造做法识读见表 4-9。

表 4-9　　　　　　　　地砖及石材踢脚构造做法识读

名称	墙体类型	简图	构造做法
地砖踢脚	砖墙	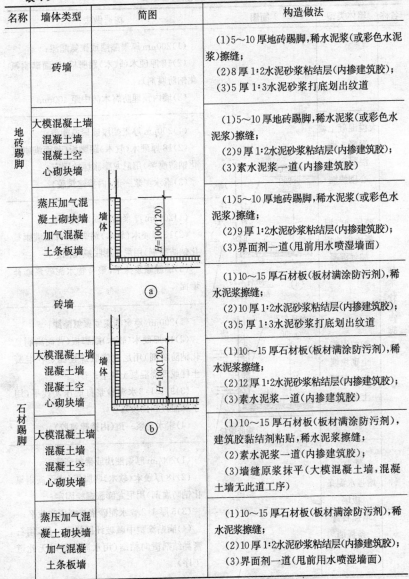	(1)5~10 厚地砖踢脚,稀水泥浆(或彩色水泥浆)擦缝; (2)8 厚 1:2 水泥砂浆粘结层(内掺建筑胶); (3)5 厚 1:3 水泥砂浆打底划出纹道
地砖踢脚	大模混凝土墙 混凝土墙 混凝土空心砌块墙		(1)5~10 厚地砖踢脚,稀水泥浆(或彩色水泥浆)擦缝; (2)9 厚 1:2 水泥砂浆粘结层(内掺建筑胶); (3)素水泥浆一道(内掺建筑胶)
地砖踢脚	蒸压加气混凝土砌块墙 加气混凝土条板墙		(1)5~10 厚地砖踢脚,稀水泥浆(或彩色水泥浆)擦缝; (2)9 厚 1:2 水泥砂浆粘结层(内掺建筑胶); (3)界面剂一道(甩前用水喷湿墙面)
石材踢脚	砖墙		(1)10~15 厚石材板(板材满涂防污剂),稀水泥浆擦缝; (2)10 厚 1:2 水泥砂浆粘结层(内掺建筑胶); (3)5 厚 1:3 水泥砂浆打底划出纹道
石材踢脚	大模混凝土墙 混凝土墙 混凝土空心砌块墙		(1)10~15 厚石材板(板材满涂防污剂),稀水泥浆擦缝; (2)12 厚 1:2 水泥砂浆粘结层(内掺建筑胶); (3)素水泥浆一道(内掺建筑胶)
石材踢脚	大模混凝土墙 混凝土墙 混凝土空心砌块墙		(1)10~15 厚石材板(板材满涂防污剂),建筑胶黏结剂粘贴,稀水泥浆擦缝; (2)素水泥浆一道(内掺建筑胶); (3)墙缝原浆抹平(大模混凝土墙,混凝土墙无此道工序)
石材踢脚	蒸压加气混凝土砌块墙 加气混凝土条板墙		(1)10~15 厚石材板(板材满涂防污剂),稀水泥浆擦缝; (2)10 厚 1:2 水泥砂浆粘结层(内掺建筑胶); (3)界面剂一道(甩前用水喷湿墙面)

(4)木踢脚构造做法识读见表 4-10。

表 4-10　　木踢脚构造做法识读

名称	墙体类型	简图	构造做法
硬木、软木踢脚	砖墙		(1)200μm 厚聚酯漆或聚氨酯漆； (2)18 厚硬木(软木)踢脚板(背面满刷氟化钠防腐剂)； (3)墙内预埋防腐木砖中距 400mm
	大模混凝土墙 混凝土墙 混凝土空心砌块墙	ⓐ φ6通气孔 @800　防腐木砖 60×120×120	(1)200μm 厚聚酯漆或聚氨酯漆； (2)18 厚硬木(软木)踢脚板(背面满刷氟化钠防腐剂)用尼龙膨胀螺栓固定； (3)素水泥浆一道(内掺建筑胶)
	蒸压加气混凝土砌块墙 加气混凝土条板墙		(1)200μm 厚聚酯漆或聚氨酯漆； (2)18 厚硬木(软木)踢脚板(背面满刷氟化钠防腐剂)用尼龙膨胀螺栓固定； (3)墙缝原浆抹平，聚合物水泥砂浆修补墙面
	陶粒混凝土砌块墙 陶粒混凝土条板墙	ⓑ φ6通气孔 @800　膨胀螺栓	(1)200μm 厚聚酯漆或聚氨酯漆； (2)18 厚硬木(软木)踢脚板(背面满刷氟化钠防腐剂)用尼龙膨胀螺栓固定在混凝土柱或现浇混凝土块上； (3)9 厚 1:3 水泥砂浆打底压实找平(用于麻面板和砌块)； (4)素水泥浆一道(内掺建筑胶)
	增强水泥条板墙 增强石膏条板墙		(1)200μm 厚聚酯漆或聚氨酯漆； (2)18 厚硬木(软木)踢脚板(背面满刷氟化钠防腐剂)用尼龙膨胀螺栓固定； (3)5 厚 1:2.5 水泥砂浆打底压实找平； (4)满贴涂塑中碱玻纤网格布一层，用石膏黏结剂横向粘结(用水泥条板时无此道工序)

第四章 楼地面工程施工图识读

(续)

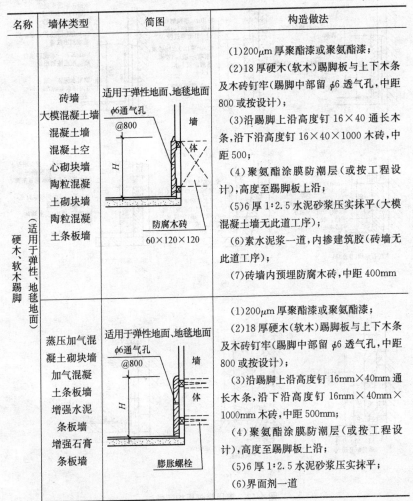

名称	墙体类型	简图	构造做法
硬木、软木踢脚（适用于弹性、地毯地面）	砖墙 大模混凝土墙 混凝土墙 混凝土空心砌块墙 陶粒混凝土砌块墙 陶粒混凝土条板墙	适用于弹性地面、地毯地面 φ6通气孔 @800 防腐木砖 60×120×120	(1)200μm厚聚酯漆或聚氨酯漆； (2)18厚硬木(软木)踢脚板与上下木条及木砖钉牢(踢脚中部留φ6透气孔,中距800或按设计)； (3)沿踢脚上沿高度钉16×40通长木条,沿下沿高度钉16×40×1000木砖,中距500； (4)聚氨酯涂膜防潮层(或按工程设计),高度至踢脚上沿； (5)6厚1:2.5水泥砂浆压实抹平(大模混凝土墙无此道工序)； (6)素水泥浆一道,内掺建筑胶(砖墙无此道工序)； (7)砖墙内预埋防腐木砖,中距400mm
	蒸压加气混凝土砌块墙 加气混凝土条板墙 增强水泥条板墙 增强石膏条板墙	适用于弹性地面、地毯地面 φ6通气孔 @800 膨胀螺栓	(1)200μm厚聚酯漆或聚氨酯漆； (2)18厚硬木(软木)踢脚板与上下木条及木砖钉牢(踢脚中部留φ6透气孔,中距800或按设计)； (3)沿踢脚上沿高度钉16mm×40mm通长木条,沿下沿高度钉16mm×40mm×1000mm木砖,中距500mm； (4)聚氨酯涂膜防潮层(或按工程设计),高度至踢脚上沿； (5)6厚1:2.5水泥砂浆压实抹平； (6)界面剂一道

2. 楼地面变形缝识读

建筑物的变形缝是为了满足建筑结构变形需要而设置的,按功能不同可分为温度伸缩缝、沉降缝和抗震缝三种。变形缝应贯通楼地面的各个层次,并在构造上保证楼板层和地坪层能够满足美观和变形需求。

识读楼地面变形缝时,应注意楼地面变形缝的构造,如图4-12所示。

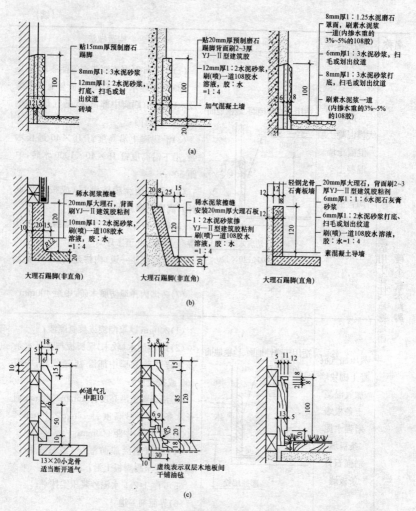

图 4-12 常用踢脚板构造做法
(a)预制水磨石踢脚；(b)大理石踢脚；(c)硬木踢脚

  楼地面变形缝的宽度应与墙体变形缝一致，上部用金属板、预制水磨石板、硬塑料板等盖缝，以防止灰尘下落。顶棚处应用木板、金属调节片等做盖缝处理，盖缝板应一侧固定，另一侧自由，以保证缝两侧结构能够自由变形，如图 4-13 所示。

第四章 楼地面工程施工图识读

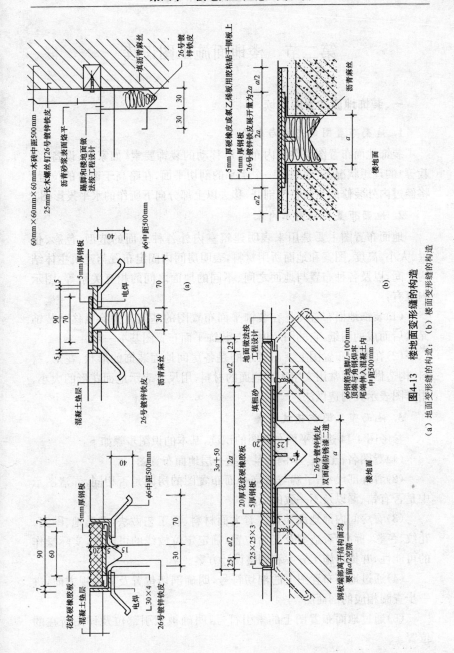

图4-13 楼地面变形缝的构造
(a) 地面变形缝的构造；(b) 楼面变形缝的构造

第二节 楼地面施工图识读

一、装饰地面布置图识读

1. 地面布置图的形成与表达

装饰地面布置图是在室内布置可移动的装饰要素(如家具、设备、盆栽等)的理想状况下,假想用一个水平的剖切平面,在略高于窗台的位置,将经过内外装修的房屋整个剖开,移去以上部分向下所作的水平投影图。

2. 地面布置图的图示内容

地面布置图主要是用来表明建筑室内外各种地面的造型、色彩、位置、大小、高度、图案和地面所用材料,表明房间内固定布置与建筑主体结构之间,以及各种布置与地面之间、不同的地面之间的相互关系等,图示内容有:

(1)装饰地面布置图是在装饰平面布置图的基础上去除可移动装饰元素后而成的图纸,它的图示内容与装饰平面布置图基本一致。

(2)在地面布置图上突出表示的是各房间地面装饰的形状、花形、材料、构造做法,通常用文字表示地面的材料,用尺寸表示地面花形的大小,用详图表示其构造做法。

3. 地面布置图识读技巧

参考图4-14进行平面布置图的识读,基本的识图步骤如下:

(1)看图名、比例。本例为某别墅一层地面布置图。

(2)看外部尺寸,了解与装饰平面布置图的房间是否相同,弄清图示中是否有错、漏以及不一致的地方。

(3)看房间内部地面装修。看大面材料,看工艺做法,看质地、图案、花纹、色彩、标高,看造型及起始位置,确定定位放线的可能性,实际操作的可能性,并提出施工方案和调整设计方案。

(4)通过地面布置图上的剖切符号,明确剖切位置及其剖视方向,进一步查阅相应的剖面图。

(5)通过地面布置图上的索引符号,明确被索引部位及详图所在的位置。

第四章 楼地面工程施工图识读

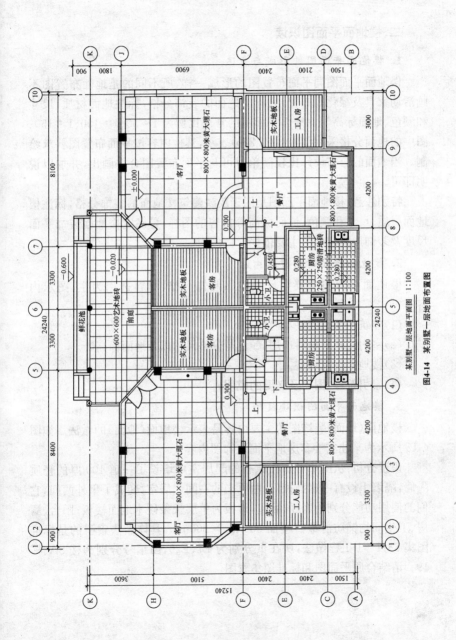

图4-14 某别墅一层地面布置图

二、楼地面平面图识读

1. 楼地面平面图的形成与表达

楼地面平面图同平面布置图的形成一样,所不同的是地面布置图不画活动家具及绿化等布置,只画出地面的装饰分格,标注地面材质、尺寸和颜色、地面标高等。地面平面图的常用比例为1∶50、1∶100、1∶150。图中的地面分格采用细实线(0.25b)表示,其他内容按平面布置图要求绘制。当地面的分格设计比较简单时可与平面布置图合并画出,并加以说明即可。

特别注意:楼地面平面图是用于反映建筑楼地面的装饰分格,标注楼地面材质、尺寸和颜色、地面标高等内容的图样,是确定楼地面装饰平面尺度及装饰形体定位的主要依据。

2. 楼地面平面图的图示内容

楼地面平面图主要以反映地面装饰分格、材料选用为主,图示内容有:

(1)建筑平面图的基本内容。
(2)室内楼地面材料选用、颜色与分格尺寸以及地面标高等。
(3)楼地面拼花造型。
(4)索引符号、图名及必要的说明。

3. 楼地面平面图识读技巧

楼地面(地面)装饰图的主要内容是表示楼地面(地面)的做法。如图4-15所示为某住宅楼套房地平面装饰图内容。

识读分析:从图中可知在原有的起居室中增设了一道100厚的轻质隔墙,隔墙上设有一扇推拉门,由原来的一间起居室,变成了里外两间,它们的使用功能分别为客厅、卧室,地板为单层长条硬木地面楼板;阳台、厨房、卫生间均铺防滑地砖楼面300mm×300mm,具体做法索引的是标准图集88J1-1工程做法,所在页分别为E7、E20,图编号分别为楼8A、楼19。请结合原平面图和标准图集看图。

第四章　楼地面工程施工图识读

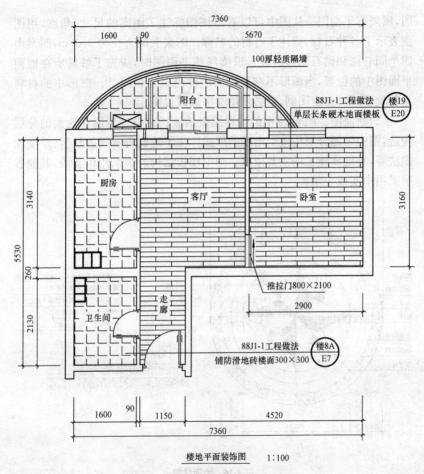

图 4-15　某住宅楼套房地平面装饰图

三、楼地面详图识读

楼(地)面在装饰空间中是一个重要的基面,要求其表面平整,并且强度和耐磨性优良,同时兼顾室内保温、隔音等要求,做法、选材、样式非常多。楼(地)面详图一般由局部平面图和断面图组成,如图 4-16 所示。

识图分析:

(1)局部平面图。图 4-16 中①详图是一层客厅地面中间的拼花设计图,属局部平面图。从图中可以看出该图标注了图案的尺寸、角度,用图例表示了各种石材,标注了石材的名称。图案大圆直径为3.00m,图案由四个同心圆和钻石图形组成。识读局部平面图时,应先了解其所在地面平面图中的位置,当图形不在正中时应注意其定位尺寸。图形中的材料品种较多时可自定图例,但必须用文字加以说明。

(2)断面图。图4-16中的Ⓐ详图表示该拼花设计图所在地面的分层构造,图中采用分层构造引出线的形式标注了地面每一层的材料、厚度及做法等,是地面施工的主要依据。图中楼板结构边线采用粗实线,其他各层采用中实线表示。

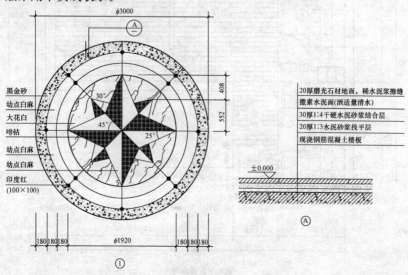

图4-16 地面详图

第五章 顶棚装修施工图识读

第一节 顶棚概述

一、顶棚构造组成

顶棚位于建筑物楼板、层面板之下的装饰层,又称为天花板或天棚。悬吊装配式顶棚的构造主要由基层、悬吊件、龙骨和面层组成,如图5-1所示。

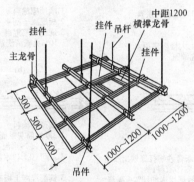

图5-1 吊顶构造(单位:mm)

1. 基层

基层为建筑物结构件,主要为混凝土楼(顶)板或屋架。

2. 悬吊件

悬吊件是悬吊式顶棚与基层连接的构件,一般埋在基层内,属于悬吊式顶棚的支承部分。其材料可以根据顶棚不同的类型选用镀锌铁丝、钢筋、型钢吊杆(包括伸缩式吊杆)等。

3. 龙骨

龙骨是固定顶棚面层的构件,并将承受面层的重量传递给支承部分。

4. 面层

面层是顶棚的装饰层，使顶棚达到既具有吸声、隔热、保温、防火等功能，又具有美化环境的效果。

二、顶棚的分类

根据饰面层与主题结构的相对关系不同，顶棚可分为直接式顶棚和悬吊式顶棚两大类。

1. 直接式顶棚

直接式顶棚是指在结构层底部表面上直接做饰面处理的顶棚，包括一般楼板板底、屋面板板底直接喷刷、抹灰、贴面，如图 5-2 所示。

1. 喷顶棚涂料
2. 四周阴角用1:3:3水泥石灰膏砂浆勾缝
3. 板底腻子刮平
4. 预制钢筋混凝土大楼板底用水加10%火碱清洗油腻

(a)

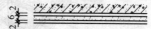
1. 喷顶棚涂料
2. 板底腻子刮平
3. 现浇钢筋混凝土底用水加10%火碱清洗油腻

(b)

1. 喷顶棚涂料
2. 2厚纸筋灰罩面
3. 6厚1:3:9水泥石灰膏砂浆打底划出纹道
4. 刷素水泥浆一道(内掺胶料)
5. 预制钢筋混凝土板底用水加10%火碱清洗油腻后用1:3水泥砂浆将板缝填严

(c)

1. 喷顶棚涂料
2. 2厚纸筋灰罩面
3. 6厚1:3:9水泥石灰膏砂浆
4. 2厚1:0.5:1水泥石灰膏砂浆打底划出纹道
5. 钢筋混凝土板底刷素水泥浆(内掺胶料)
6. 现浇钢筋混凝土板底用水加10%火碱清洗油腻

(d)

图 5-2　直接式顶棚
(a)板底喷涂(预制板)；(b)板底喷涂(现浇板)；
(c)板底抹灰(预制板)；(d)板底抹灰(现浇板)

2. 悬挂式顶棚

悬挂式顶棚又称"吊顶"，它离结构底部有一定的距离，通过吊杆把悬挂物与主题结构连接在一起。如图 5-3 和图 5-4 所示，在较大空间和装饰要求较高的房间中，因建筑声学、保温隔热、清洁卫生、管道敷设、室内美观等特殊要求,常用顶棚把屋架、梁板等结构构件及设备遮盖起来,形成一个完整的表面。

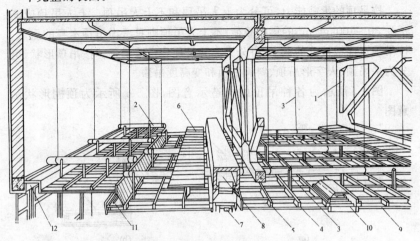

图5-3 吊顶悬挂于屋面下构造示意
1—屋架;2—主龙骨;3—吊筋;4—次龙骨;5—间距龙骨;
6—检修走道;7—出风口;8—风道;9—吊顶面层;
10—灯具;11—灯槽;12—窗帘盒

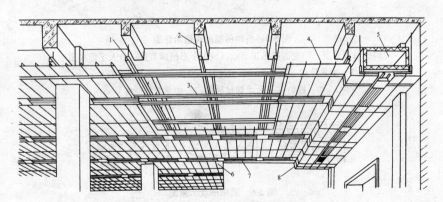

图5-4 吊顶悬挂于楼板底构造示意
1—主龙骨;2—吊筋;3—次龙骨;
4—间距龙骨;5—风道;6—吊顶面层;
7—灯具;8—出风口

三、各种吊顶构造

按吊顶的承载能力,可分为上人吊顶和不上人吊顶。上人吊顶应能承受 $80 \sim 100 kgf/m^2$ 的集中载荷;不上人吊顶则只考虑吊顶本身的重量。按吊顶罩面板接缝的宽窄,可分为离缝吊顶和密缝吊顶。按吊顶形状,可分为平吊顶、人字形吊顶、斜面吊顶和变高度吊顶。

图 5-5 所示为各种吊顶的构造示意图,图 5-6 所示为顶棚形状示意图。

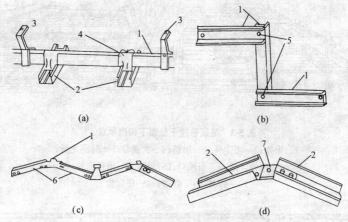

图 5-5 各种吊顶的构造示意图
(a)斜面吊顶节点;(b)变高度吊顶节点;(c)人字形吊顶节点;(d)人字形吊顶节点
1—主龙骨;2—次龙骨;3—主龙骨吊挂件;4—次龙骨吊挂件;
5—螺钉;6—大龙骨挂插件;7—中龙骨挂插件

图 5-6 顶棚形状示意图

四、顶棚基层布置

基层的龙骨必须结合板材的规格进行布置。龙骨中距最小尺寸为 305mm×305mm,最大尺寸为 600mm×600mm,超过 600mm 时,中间应加小龙骨(即间距龙骨)。龙骨布置方式如图 5-7 所示。

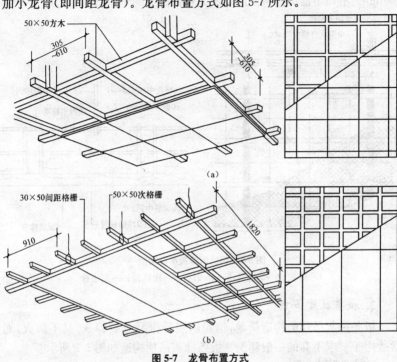

图 5-7 龙骨布置方式
(a)正方形；(b)矩形

第二节 悬挂式吊顶装饰构造

一、抹灰吊顶

1. 钢板网抹灰吊顶

钢板网通常采用水泥砂浆抹灰饰面。由于其龙骨和面层均用金属材料，因此其耐久性、防振性、防火性均较好，多用于高级建筑。钢板网抹灰吊顶装饰构造如图 5-8 所示。

识读分析：从图 5-8 可以看出，钢板网抹灰吊顶一般采用槽钢为主龙骨，角钢为次龙骨。先在次龙骨下加一道中距为 200mm 的 $\phi 6$ 钢筋网，再铺钢板网。钢板网应在次龙骨上绷紧，相互间搭接间距不得小于

200mm。搭口下面的钢板网应与次龙骨钉固或绑牢,不得空悬。

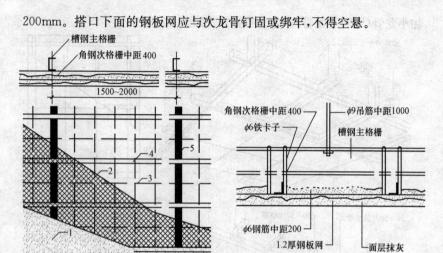

图 5-8 钢板网抹灰吊顶构造
1—抹灰;2—钢板网;3—$\phi 6$ 钢筋;4—次格栅;5—主格栅

2. 板条抹灰吊顶

板条抹灰吊顶的构造简单,但粉刷层受振易开裂掉灰,又不防火,通常适用于要求不高的一般建筑。板条抹灰吊顶构造如图 5-9 所示。

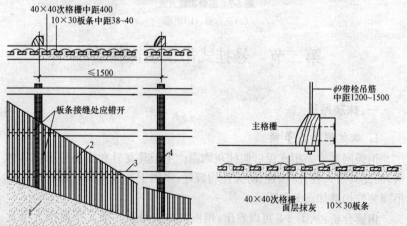

图 5-9 板条抹灰吊顶构造
1—抹灰;2—板条;3—次格栅;4—主格栅

板条抹灰吊顶一般采用木质龙骨。板条的截面尺寸以10mm×30mm为宜,灰口缝隙8～10mm。板条接头处不得空悬,宜错开排列,以免板条变形而造成抹灰开裂。板条抹灰一般采用纸筋灰进行面层粉刷,其做法与纸筋灰内墙面相同。

3. 板条钢板网抹灰吊顶

板条钢板网抹灰吊顶构造如图5-10所示。

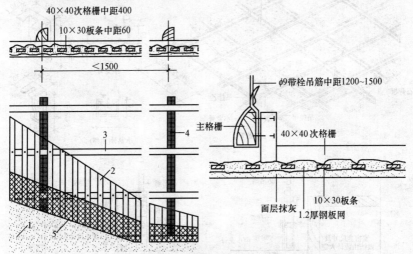

图5-10 板条钢板网抹灰吊顶构造
1—抹灰;2—板条;3—次格栅;
4—主格栅;5—钢板网

识读分析:从图5-10可以看出,为了提高板条抹灰顶棚的耐火性,使灰浆与基层结合得更好,在板条上加钉一层钢板网,钢板网的网眼不可大于10mm。这样,板条的中距可由前面的38～40mm加宽至60mm。

二、金属吊顶构造

金属吊顶构造如图5-11所示,金属吊顶的构造做法见表5-1。

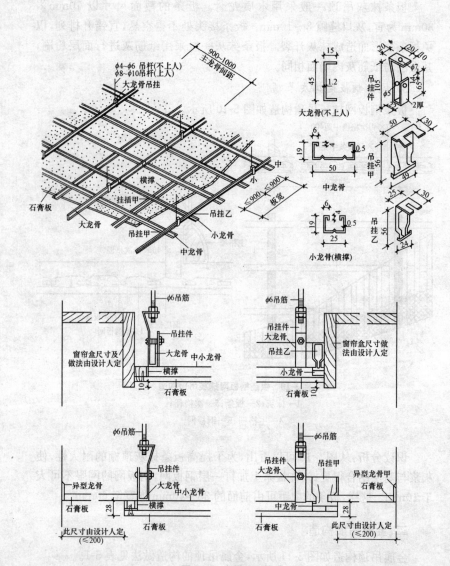

图 5-11 金属吊顶构造

表 5-1　　　　　　　　　　金属吊顶构造做法

名称	构造做法
铝合金条板吊顶	(1)铝合金条板与配套专用龙骨固定。 (2)与铝合金条板配套的专用龙骨,间距≤1200mm,用吊件与钢筋吊杆联结后找平。 (3)10号镀锌低碳钢丝(或ϕ6mm钢筋)吊杆,双向中距≤1200mm,吊杆上部与板底预留吊环(勾)固定。 (4)现浇钢筋混凝土板底预留ϕ10mm钢筋吊环(勾),双向中距≤1200mm (预制混凝土板可在板缝内预留吊环) (1)铝合金条板与配套专用龙骨固定。 (2)与铝合金条板配套的专用龙骨间距≤1200mm,用吊件与承载龙骨固定。 (3)轻钢承载龙骨C60,间距≤1200mm,用吊件与钢筋吊杆联结后找平。 (4)10号镀锌低碳钢丝(或ϕ8mm钢筋)吊杆,双向中距≤1200mm,吊杆上部与板底预留吊环(勾)固定。 (5)现浇钢筋混凝土板底预留ϕ10钢筋吊环(勾),双向中距≤1200mm (预制混凝土板可在板缝内预留吊环)
铝合金方板吊顶	(1)铝合金方板 600mm×600mm(575mm×575mm)*与配套专用龙骨固定。 (2)与铝合金方板配套的专用下层副龙骨联结,间距≤600(750)mm。* (3)与安装型式配套的专用上层主龙骨,间距≤1200(1500)mm。* 用吊件与钢筋吊杆联结后找平。 (4)10号镀锌低碳钢丝(或ϕ8mm钢筋)吊杆,双向中距≤1200(1500)mm*,吊杆上部与板底预留吊环(勾)固定。 (5)现浇钢筋混凝土板底预留ϕ10mm钢筋吊环(勾),双向中距≤1200(1500)mm。* (预制混凝土板可在板缝内预留吊环)
铝合金方格吊顶	(1)铝合金方格 100mm×100mm 组合块 1200mm×600mm(1200mm×1200mm)。 (2)专用弹簧吊钩,中距≤1200mm,用挂钩与承载龙骨联结。 (3)C60上人承载龙骨,间距≤1200mm,用吊件与钢筋吊杆联结后找平。 (4)10号镀锌低碳钢丝(或ϕ8钢筋)吊杆,双向中距≤1200mm,吊杆上部与板底预留吊环(勾)固定。 (5)现浇钢筋混凝土板底预留ϕ10钢筋吊环(勾),双向中距≤1200mm (预制混凝土板可在板缝内预留吊环)
明龙骨长幅金属条板吊顶	(1)0.7mm厚300mm宽长幅铝合金条板面层(或0.6mm厚长幅镀锌钢板冷弯成形)用自攻螺丝与铝合金龙骨固定。 (2)铝合金明龙骨 100mm×36mm,吊件中距≤1500mm,用膨胀螺栓与钢筋混凝土板固定

(续)

名 称	构造做法
金属挂片吊顶	(1) 0.5mm 厚金属挂片,高 120～200mm 弹簧卡子卡挂。 (2) 挂片次龙骨,间距 75mm,在挂片大龙骨上的预设开口处呈垂直方向插接。 (3) 挂片主龙骨,间距 600mm,用吊挂件两爪钩与承载龙骨呈垂直方向联结。 (4) U 型轻钢承载龙骨 CB38mm×12mm,间距 900mm,用吊件与钢筋吊杆固定后找平。 (5) $\phi 6$ 钢筋吊杆,中距横向 900mm、纵向≤1200mm,吊杆上部与板底预留吊环(勾)固定。 (6) 现浇钢筋混凝土板底预埋 $\phi 8mm$ 钢筋吊环(勾),中距横向 900mm、纵向≤1200mm(预制混凝土板可在板缝内预留吊环)

* 括号内数字用于明架式。

三、轻钢龙骨吊顶

轻钢龙骨是用薄壁镀锌钢带或薄钢板经机械压割而成的骨架型材。常见的有 U 型、T 型和 C 型等,其中 C 型龙骨主要用于隔墙与隔断的制作,U 型和 T 型可组合为吊顶龙骨。图 5-12 所示为轻钢龙骨吊顶示意图,图 5-13 所示为 T 型轻钢龙骨吊顶安装示意图。

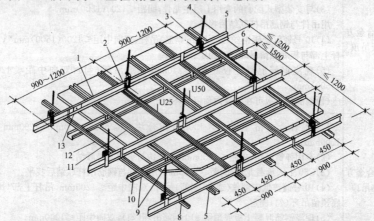

图 5-12 轻钢龙骨吊顶示意图

1—U50 龙骨吊挂;2—U25 龙骨吊挂;3—UC50、UC45 大龙骨吊挂件;4—吊杆 $\phi 8 \sim \phi 10$;5—UC50、UC45 大龙骨;6—U50、U25 横撑龙骨中距应按板材尺寸设置,端部必须设置横撑,但小于或等于 1500;7—吊顶板材;8—U25 龙骨;9—U50、U25 挂插件连接;10—U50、U25 横撑龙骨;11—U50 龙骨连接件;12—U25 龙骨连接件;13—UC50、UC45 大龙骨连接件

1. 弹线定位

弹线定出标高线的实体构造做法如图 5-14 和图 5-15 所示。

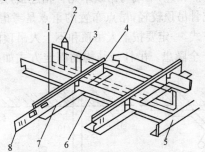

图 5-13　T 型轻钢龙骨吊顶安装示意

1—吊杆；2—轻钢大吊；3—铅丝型吊；4—轻钢龙骨；
5—角条；6—小 T 型龙骨；7—大 T 型龙骨；8—连接杆

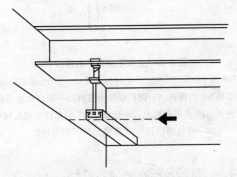

图 5-14　划出龙骨的外延，并标出连接件的位置

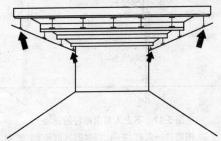

图 5-15　放上四角连接件，并用绳子固定其他连接件

2. 固定吊杆

吊杆上端与吊点相连,下端与吊顶木龙骨相连接,是承上启下的承重传力构件。轻钢龙骨吊顶较轻,吊点布置的重点是考虑吊顶的平整度需要。吊杆的固定方式,一定要按上人吊顶和不上人吊顶的方式决定,否则会造成浪费或者安全隐患。吊杆与结构的固定方式如图 5-16 和图 5-17 所示。

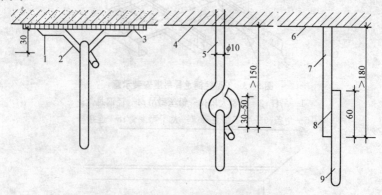

图 5-16 上人吊顶吊杆的连接

1—2×射钉 YD3758 或 DD37510 在钢板上对角布置;2—φ10mm 钢筋吊环与钢板焊接;3—200×200×6 钢板;4,6—钢筋混凝土楼板;5—预埋在楼板接缝间,上部套挂在 φ10 水平钢筋上;7—预埋 φ10T 型吊杆于楼板接缝中;8—焊接部位;9—φ8 钢筋吊杆下端套螺纹

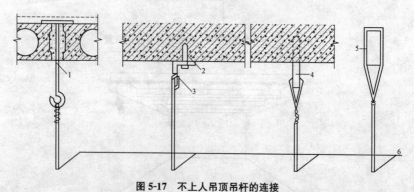

图 5-17 不上人吊顶吊杆的连接

1—预埋 φ6 钢筋;2—射钉;3—L 25×25×3(长 25 穿 φ4 孔);4—膨胀螺栓;5—钢条;6—10# 镀锌铁丝

识读分析：通过对图 5-16 和图 5-17 的识读可以看出，当用尾部带孔的射钉固定时，只要将吊顶一端的弯钩或铁丝穿过圆孔即可。如用带孔射钉，则可另选用一块小角钢用射钉固定在基体上，角钢的另一肋上钻有 5mm 左右的小孔，将吊钩或铁丝穿入小孔即可。吊杆也可和预埋件焊牢。

3. 安装龙骨

轻钢龙骨一般有主龙骨和次龙骨之分，安装时先将各条主龙骨吊起后，在稍高于标高线的位置上临时固定，第一根主龙骨离墙边距离保持在 200m 以内，次龙骨通过主龙骨吊钩固定于主龙骨之上。主龙骨与横撑龙骨的连接方式通常有三种，具体见表 5-2。

表 5-2　主龙骨与横撑龙骨的连接构造做法识读

连接方式	简图	构造做法识读
在主龙骨上部开出半槽，在次龙骨的下部开出半槽，并在主龙骨的半槽两侧各打出一个 φ3 的孔	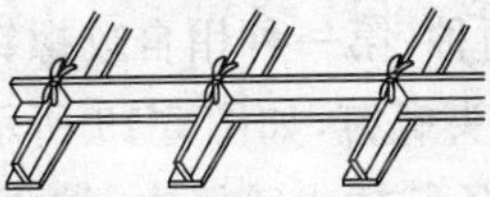	从左图可以看出，安装时将主、次龙骨的半槽卡连接起来，然后用 22 号细铁丝穿过主龙骨上的小孔，把次龙骨扎紧在主龙骨上，注意龙骨上的开槽间隙尺寸必须与骨架分格尺寸一致
在分段截开次龙骨上剪出连接耳，通常打 φ4.2 的孔，再用 φ4 铝铆钉固定	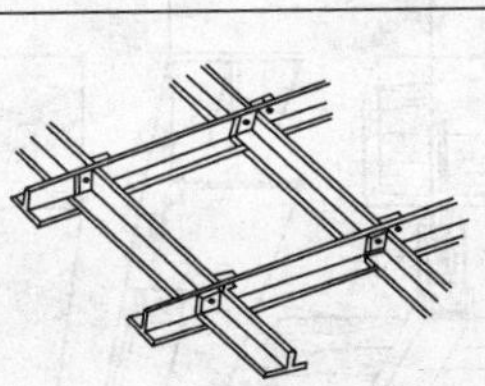	从左图可以看出，安装时，将连接耳弯成 90°的直角，在主龙骨上也打出相同直径的小孔，然后用自攻螺钉或抽芯铝铆钉将次龙骨固定在主龙骨上
在主龙骨上打出长方孔，两长方孔的间隔距离为分格尺寸	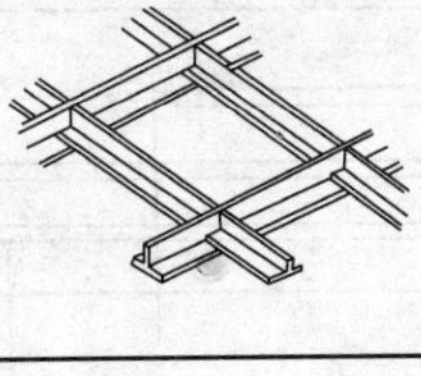	从左图可以看出，安装前应将次龙骨剪出连接耳，安装时只要将次龙骨上的连接耳插入主龙骨上长方孔再弯成 90°直角即可。每个长方孔内可插入两个连接耳

龙骨的安装，一般是从房间的一端依次安装到另一端。如果有高低

跨部分，先安装高跨，然后再安装低跨。龙骨安装构造做法如图 5-18 所示。

识读分析：根据对图 5-18 的识读可以看出，安装龙骨时，应拉纵横标高控制线，进行龙骨的调平与调直。调平应以房间（或大厅）为单位，先调平主龙骨。调整方法可在截面为 60mm×60mm 的方木上进行，按主龙骨间距钉圆钉，将主龙骨卡住，临时固定。方木两端顶到墙上或柱边，以标高控制为准，拧动吊杆或螺栓，升降调平。如果没有主、次龙骨之分，其纵向龙骨的安装也按此方法进行。

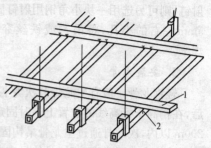

图 5-18　主龙骨定位方法
1—方木；2—铁钉

4. 安装装饰板

饰面板的固定方式有两种：第一种用自攻螺钉将装饰面板固定在龙骨上，但自攻螺钉必须是平头螺钉，如图 5-19 所示。第二种是饰面板成企口暗缝形式，用龙骨的两条肢插入暗缝内，靠两条肢将饰面板托挂住，如图 5-20 所示，这种方式需用 T 型龙骨。

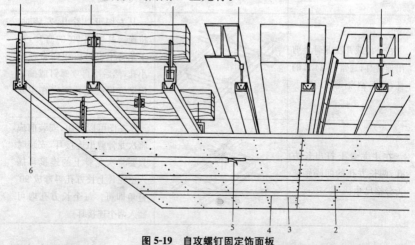

图 5-19　自攻螺钉固定饰面板
1—吊杆；2—自攻螺钉；3—普通石膏板；4—嵌缝膏；5—纸带；6—主龙骨

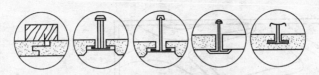

图 5-20　用企口缝形式托挂饰面板
（配有居室专用企口板材）

四、木质格栅吊顶

1. 木质格栅吊顶透视图

图 5-21～图 5-25 示出了不同风格的吊顶构件透视图。

图 5-21 所示的木质吊板，采用方块与矩形板形成，使两种不同形状的单体构件交错布置，从透视效果上看，别具一格。图 5-22 所示的木质吊顶，采用木制"X"形的单体构件组成，看上去似行云流水，舒展大方，很有特色。

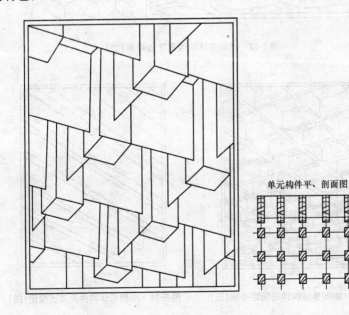

图 5-21　木制单体构件吊顶透视图(一)

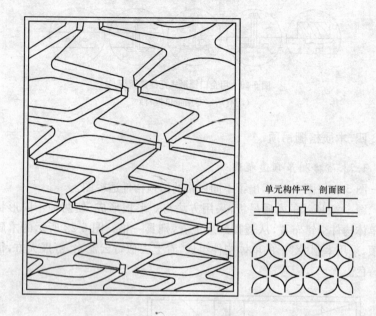

图 5-22　木制单体构件吊顶透视图(二)

图 5-23　木制单体构件吊顶透视图(三)

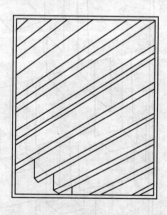

图 5-24　木制单体构件吊顶透视图(四)

第五章 顶棚装修施工图识读

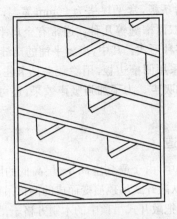

图 5-25 木制单体构件
吊顶透视图(五)

2. 木板吊顶装饰构造识读

木板顶棚结合形式构造如图 5-26 所示。

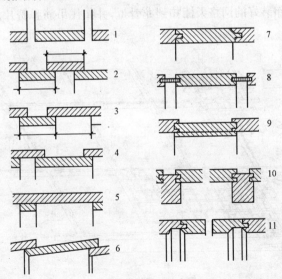

图 5-26 木板顶棚的结合形式
1—离缝平铺;2、3、4—搭盖;5—盖缝;6—鱼鳞平铺;
7—企口平铺;8—平铺嵌榫;9—层搭接;10—插入盖缝;11—企口板

木顶棚一般多为条板,常见规格为 90mm 宽,1.5～6.0mm 长不等。成品有光边、企口和双面槽缝等几种。通常有企口平铺、离缝平铺、嵌缝平铺和鱼鳞斜铺等多种形式。其中,离缝平铺的离缝约 10～15mm,在构造上除可钉结外,常采用凹槽边板,用隐蔽夹具卡住,固定在龙骨上。这种做法有利于通风和吸声。为了加强吸声效果,还可以在木板上加铺一层矿棉吸声毯。

五、网格吊顶构造

在家庭装饰装修中,由于受到空间小、层高低的限制,因此敞开式吊顶的不太多,但使用从敞开式吊顶演变而成的网格吊顶、葡萄架吊顶及玻璃片吊顶的较多。如把敞开式吊顶中的木制方格子吊顶的厚度尺寸降到接近方格单片的宽度,就变成网格吊顶,如图 5-27 所示。

家庭装饰装修中跨距小于 2500mm 时,可以直接固定在墙体上;若跨距在 250～5000mm,要适当布设吊筋;若超过 5000mm 以上应主龙骨及吊筋等。墙体四周采用铝边角或轻钢边角,A 型料、B 型料如图组装成框,然后将组装好的网格天棚扣到龙骨上,并扣住吊筋弹簧片,上下调平即可。

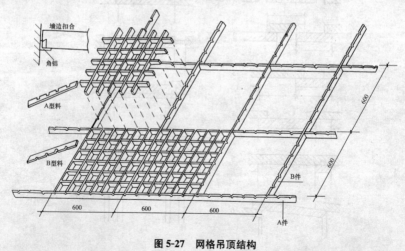

图 5-27 网格吊顶结构

网格吊顶格子的大小、规格及 A、B 型料的长短列于表 5-3 中,其安装构造做法如图 5-28 所示。

表 5-3　　　　　　　　　常用网格吊顶规格

网格规格 /mm	短　料		长　料 /mm
	A 型料/mm	B 型料/mm	
80×80	560	560	1040
100×100	600	600	1000
125×125	625	625	1000
150×150	600	600	900
说　明	其他规格可以定做		

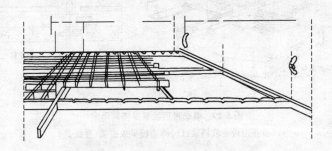

图 5-28　网格吊顶的龙骨吊装示意图

六、保温吸声顶棚

1. 平放搭装

平放搭装构造做法示意如图 5-29 所示。平放搭装时,先将吊顶骨架安装就位,其 T 型龙骨的中距依吊顶板块的规格尺寸而定(选用市售成品或根据需要与生产厂协商确定板材规格),吊牢、吊平。龙骨按设计要求安装并检验合格后,金属定位夹(压板)压稳。

特别注意:施工中留出板材安装缝,每边缝隙在 1mm 以内。板块就位时应使板背面的箭头方向和白线方向一致,以保证吊顶饰面的图案和花饰的整体性(表面无规律的压花板不需对花安装)。

2. 企口板嵌装

企口板嵌装构造做法示意如图 5-30 所示。

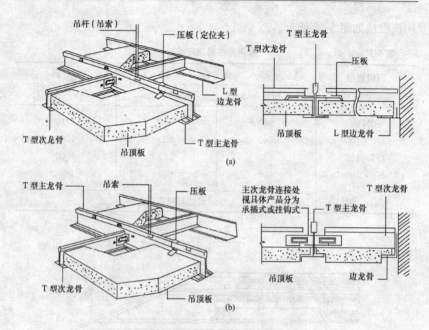

图 5-29 装饰吊顶板平放搭装示意
(a)齐边板平放搭装；(b)榫边板平放搭装(叠级式)

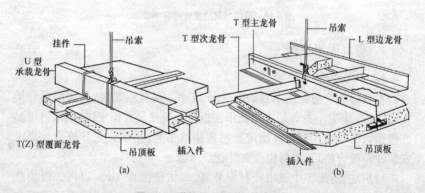

图 5-30 装饰吊顶板的企口板嵌装
(a)双层骨架吊顶；(b)单层骨架吊顶

注：插入件或称插片(plug-piece)，其运用取决于龙骨配套材料，其作用可由 T 型小龙骨取代。

识读分析:通过对图 5-30 的识读可以看出,带企口边的矿棉板与其他各种企口边装饰板材一样,可以通过嵌装方式安装于 T 型金属龙骨上,形成暗装式吊顶镶板饰面效果,即板块嵌装后顶棚表面不露龙骨框格,T 型龙骨的两翼被吊顶板的交接槽口所掩蔽。

七、天花板(顶棚)装饰图

图 5-31 是某住宅楼套房天花板装饰图。厨房和卫生间采用的是防雾灯,走廊、客厅、卫生间采用的是吸顶灯,在客厅的装饰柜处有三盏射灯,这三盏射灯是为电视背景墙而设的。

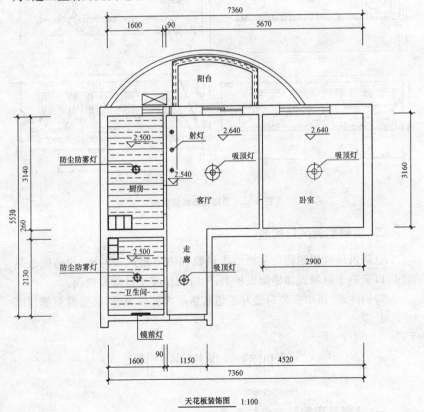

天花板装饰图 1:100

图 5-31 某住宅楼套房天花板装饰图

第三节 顶棚特殊部位装饰构造

一、顶棚装饰线脚

顶棚与墙体交接处的装饰做法,通常会在墙体内预埋铁件、木砖等,用射钉将线脚与之固定,装饰线脚的做法见图 5-32。

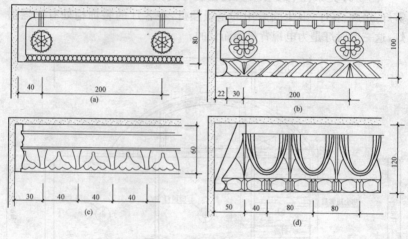

图 5-32 顶棚装饰线脚做法

二、顶棚空调风口构造

空调风口有预制铝合金圆形出风口和方形出风口两种,构造做法是将风口安装于悬吊式顶棚饰面板上,同时用橡胶垫做减噪处理。

特别注意:风口安装时最好不切断悬吊式顶棚龙骨,必要时只能切断中小龙骨。

第四节 顶棚平面图

一、顶棚平面图的形成与表达

顶棚平面图有以下两种形成方法:

(1)以镜像投影法画出的反映顶棚平面形状、灯具位置、材料选用、尺寸标高及构造做法等内容的水平镜像投影图,是装饰施工的主要图样之一。

(2)假想以一个水平剖切平面沿顶棚下方门窗洞口位置进行剖切,移去下面部分对上面的墙体、顶棚所作的镜像投影图。

顶棚平面图包含综合顶棚图、顶棚造型及尺寸定位图、顶棚照明及电气设备定位图。顶棚平面图一般都采用镜像投影法绘制。顶棚平面图的作用主要是用来表明顶棚装饰的平面形式、尺寸和材料,以及灯具和其他各种室内顶部设施的位置和大小等。

图 5-33 所示为镜面投影示意图。把镜面放在物体的下面,代替水平投影面,在镜面中反射得到的图像,即为镜像投影图。

识读分析:从它的投影规律可以看出,它与通常投影法绘制的平面图是不相同的。在室内设计中,镜像投影用来反映室内顶棚平面图的内容。

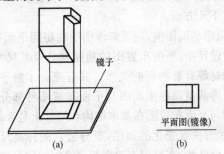

图 5-33 镜像投影
(a)形成镜像投影;(b)镜像投影图

二、顶棚平面图的图示内容

顶棚(天花)平面图的比例一般与平面布置图一致(常用比例为 1∶50、1∶100、1∶150)。顶棚(天花)平面图应包括所有楼层的顶棚总平面图、顶棚布置图等。所有顶棚平面图应共同包括以下内容:

(1)建筑平面及门窗洞口,门画出门洞边线即可,不画门扇及开启线;
(2)顶棚的造型、尺寸、做法和说明;
(3)标明柱网和承重墙、主要轴线和编号、轴线间尺寸和总尺寸;
(4)顶棚灯具符号及具体位置(灯具的规格、型号、安装方法由电气施

工图反映);

(5)标明装饰设计调整过后的所有室内外墙体、管井、电梯和自动扶梯、楼梯和疏散楼梯、雨篷和天窗等的位置,标注全名称;

(6)与棚顶相接的家具、设备的位置及尺寸;

(7)标注顶棚(天花)设计标高;

(8)窗帘及窗帘盒、窗帘帷幕板等;

(9)空调送风、回风口位置、消防自动报警系统及与吊顶有关的音频设施的平面布置形式及安装位置;

(10)图外标注开间、进深、总长、总宽等尺寸;

(11)标注索引符号和编号、图样名称和制图比例。

三、顶棚平面图识读要点

图5-34所示为④~⑯轴底层顶棚平面图,比例为1:50,顶棚平面图的识读要点有以下几方面:

(1)在识读顶棚平面图前,应了解该图所在房间平面布置图的基本情况。因为在装饰设计中,平面布置图的功能划分及其尺寸等与顶棚的形式、底面标高、选材等有着密切的关系。只有充分了解平面布置,才能读懂顶棚平面图。弄清楚顶棚平面图与平面布置图各部分的对应关系后,核对顶棚平面图与平面布置图在基本结构和尺寸上是否相符。

(2)对于某些有迭级变化的顶棚,要分清它的标高尺寸和线型尺寸,并结合造型平面分区线,在平面上建立起三维空间的尺度概念。

(3)通过顶棚平面图,了解顶部灯具和设备设施的规格、品种与数量。

(4)通过顶棚平面图上的文字标注,了解顶棚所用材料的规格、品种及其施工要求。

(5)通过顶棚平面图上的索引符号,找出详图对照着阅读,弄清楚顶棚的详细构造。

第五章 顶棚装修施工图识读

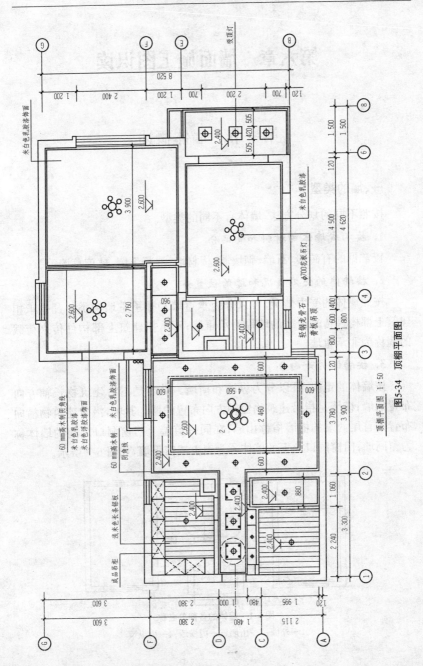

图5-34 顶棚平面图

第六章 墙面施工图识读

第一节 墙体概述

一、墙的类型

按照不同的划分方法,墙体有不同的类型。

1. 按构成墙体的材料和制品分

较常见的有砖墙、石墙、砌块墙、板材墙、混凝土墙、玻璃幕墙等。

2. 按墙体的受力情况和墙的位置分

按照墙体的受力情况,可以分为承重墙和非承重墙两类。凡是承担建筑上部构件传来荷载的墙称为承重墙;不承担建筑上部构件传来荷载的墙称为非承重墙。

3. 按墙体的走向分

按墙体的走向,可以分为纵墙和横墙。纵墙是指沿建筑物长轴方向布置的墙;横墙是指沿建筑物短轴方向布置的墙。其中,沿着建筑物横向布置的首尾两端的横墙俗称山墙;在同一道墙上门窗洞口之间的墙体称为窗间墙;门窗洞口上下的墙体称为窗上或窗下墙,如图6-1所示。

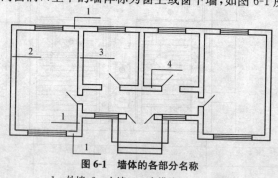

图6-1 墙体的各部分名称

1—外墙;2—山墙;3—内横墙;4—内纵墙

4. 按墙体的施工方式和构造分

按墙体的施工方式和构造,可以分为叠砌式、版筑式和装配式三种。其中,叠砌式是一种传统的砌墙方式,如实砌砖墙、空斗墙、砌块墙等;版筑式的砌墙材料往往是散状或塑性材料,如夯土墙、滑模或大模板钢筋混凝土墙;装配式墙是在构件生产厂家事先制作墙体构件,在施工现场进行拼装,如大板墙、各种幕墙。

二、墙体的作用

墙体是建筑物中重要的构件,其主要作用表现在以下几方面:

(1)承重。承重墙是建筑主要的承重构件,承担建筑地上部分的全部竖向荷载及风荷载。

(2)围护。外墙是建筑围护结构的主体,其抵御自然界中风、霜、雨、雪及噪声,保证房间内具有良好的生活环境和工作条件,即起到围护作用。

(3)分隔。墙体是建筑水平方向划分空间的构件,按照使用要求,可以把建筑内部划分成不同的空间,界限室内与室外。

大多数墙体并不是经常同时具有上述的三个作用,根据建筑的结构形式和墙体的具体情况,往往只具备其中的一两个作用。

第二节 墙体细部构造

一、勒脚

外墙靠近室外地坪的部分叫勒脚。勒脚具有保护外墙脚,防止机械碰伤,防止雨水侵蚀而造成墙体风化的作用。因此,要求勒脚要牢固、防潮和防水。勒脚有以下几种做法(图6-2):

(1)对于一般建筑。可采用具有一定强度的和防水性能的水泥砂浆抹面,通常勒脚部位抹20~30mm厚1∶2(或1∶2.5)水泥砂浆或水刷石。

(2)对于标准较高的建筑。在勒脚部位把墙体加厚60~120mm,再作抹灰处理。

(3)贴面。在勒脚部位镶砌面砖或天然石材。

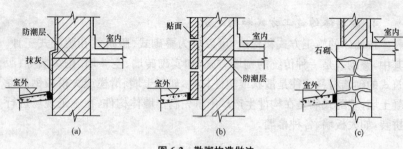

图 6-2 勒脚构造做法
(a)抹灰;(b)贴面;(c)石材砌筑

二、防潮层

在墙身中设置防潮层可防止土壤中的水分和潮气沿基础墙上升和防止勒脚部位的地面水影响墙身,从而提高建筑物的坚固性和耐久性,并保持室内干燥卫生。防潮层的位置应在室内地面与室外地面之间,以在地面垫层中部最为理想。防潮层的构造做法见表 6-1。

表 6-1 防潮层的构造做法

序号	构造做法	图示	具体要求
1	防水砂浆防潮层		用防水砂浆砌筑 3~5 匹砖,还有一种是抹一层 20mm 的 1:3 水泥砂浆加 5%防水粉拌和而成的防水砂浆
2	卷材防潮层		在防潮层部位先抹 20mm 厚的砂浆找平层,然后干铺卷材一层,卷材的宽度应与墙厚一致或稍大些,卷材沿长度铺设,搭接长度大于等于 100mm

(续)

序号	构造做法	图示	具体要求
3	混凝土防潮层	细石混凝土防潮层 60mm厚C20细石混凝土每半砖厚设1φ6	即在室内外地面之间浇注一层厚60mm的混凝土防潮层,内放纵筋3φ6,分布筋φ4@250的钢筋网

三、明沟与散水

为了保护基础的安全,需要对勒脚的部位进行处理,必须将建筑物周围的积水及时排离。其做法有两种,一是在建筑物四周设排水沟,将水有组织地导向集水井,然后流入排水系统,这种做法称为明沟。二是在建筑物外墙四周做坡度为3%～5%的护坡,将积水排离建筑物,护坡宽度一般为600～1000mm,并要比屋顶挑出檐口宽出200mm左右;这种做法称为散水。

明沟和散水的材料用混凝土现浇或用砖石等材料铺砌而成,散水与外墙的交接处应设缝分开,并用有弹性的防水材料嵌缝,以防建筑物外墙下沉时将散水拉裂,如图6-3所示。

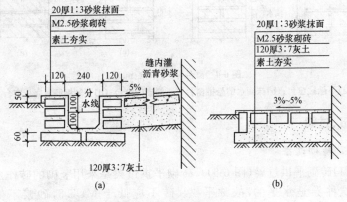

图6-3 明沟与散水(一)

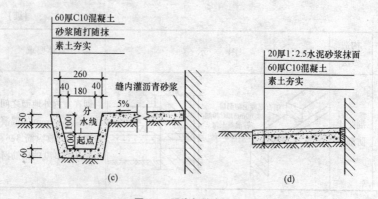

图 6-3 明沟与散水(二)
(a)砖砌明沟;(b)砖铺散水;(c)混凝土明沟;(d)混凝土散水

四、窗台

窗洞下部应分别在墙外和墙内设置窗台,称外窗台与内窗台(图6-4)。它们的作用分别为:外窗台可及时排除雨水;内窗台可防止该处被碰坏和便于清洗。

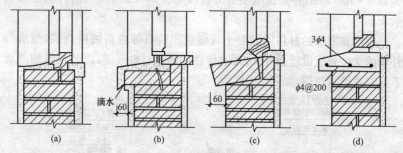

图 6-4 窗台(尺寸单位:mm)
(a)不悬挑窗台;(b)抹滴水的悬挑窗台;(c)侧砌砖窗台;(d)预制钢筋混凝土窗台

五、过梁

1. 砖砌过梁

(1)砖砌平拱过梁(图6-5)。砖砌平拱过梁是采用竖砌的砖作成拱券。这种券是水平的,故称平拱。砖不应低于 MU7.5,砂浆不低于 M2.5。这种平拱的最大跨度为 1.8m。

(2)钢筋砖过梁(图6-6)。钢筋砖过梁用砖应不低于MU7.5,砂浆不低于M2.5。洞口上部应先支木模,上放直径不小于5mm的钢筋,间距小于等于120mm,伸入两边墙内应不小于240mm,钢筋上下应抹砂浆层,最大跨度为2m。

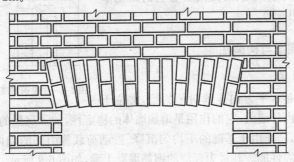

图6-5 砖砌平拱过梁

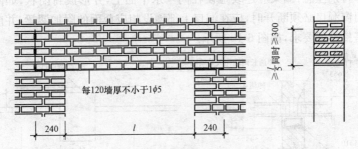

图6-6 钢筋砖过梁(尺寸单位:mm)

2. 钢筋混凝土过梁

(1)预制钢筋混凝土过梁。预制钢筋混凝土过梁主要用于砖混结构的门窗洞口之上或其他部位,如管沟转角处。其截面形状及尺寸如图6-7所示。

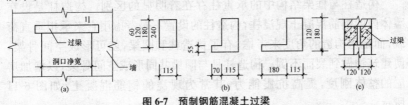

图6-7 预制钢筋混凝土过梁
(a)过梁立面体;(b)过梁截面形状及尺寸;(c)墙内预制过梁

(2)现浇钢筋混凝土过梁。现浇钢筋混凝土过梁的尺寸及截面形状不受限制,由结构设计来确定。

它的尺寸、形状及配筋要看它的结构节点详图(图6-8)。

六、圈梁与构造柱

1. 圈梁

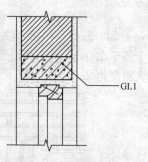

图6-8 现浇钢筋混凝土过梁

圈梁是水平方向连续封闭的梁,常位于楼板处的内外墙内,它的作用是增加墙体的稳定性,加强房屋的空间刚度及整体性,防止由于基础的不均匀沉降、振动荷载等引起的墙体开裂,提高房屋抗震性能。其常为现浇的钢筋混凝土梁,如图6-9所示。

特别注意:圈梁应连续地设在同一水平面上,并形成封闭状,如圈梁遇门窗洞口必须断开时,应在洞口上部增设相应截面的附加圈梁,并应满足搭接补强要求,如图6-10所示。

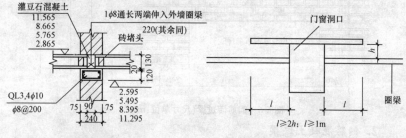

图6-9 墙体内的圈梁　　　　图6-10 附加圈梁的长度

2. 构造柱

构造柱与框架结构中的承重柱存在着明显的区别。构造柱是设在墙体内的钢筋混凝土现浇柱,构造柱的设置不是考虑用它来承担垂直荷载,而是从构造的角度来考虑,有了构造柱和圈梁,就可形成空间骨架,使建筑物做到裂而不倒。构造柱是与圈梁共同形成空间骨架,以增加房屋的整体刚度,提高抗震能力,其常为现浇的钢筋混凝土,如图6-11所示。

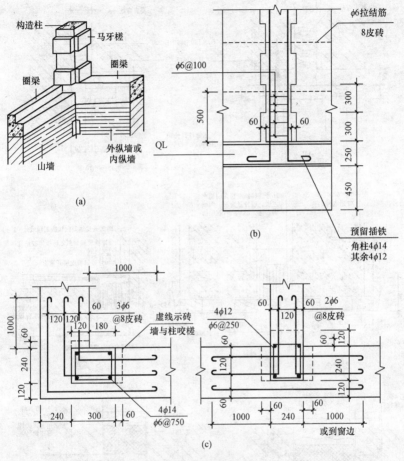

图 6-11 构造柱
(a)构造柱立体图;(b)构造柱剖面图;(c)构造柱平面图

3. 变形缝

变形缝是伸缩缝、沉降缝和防震缝的总称,其构造做法如图 6-12 所示。

(1)伸缩缝,又叫温度缝,它是为了防止由于温度变化引起构件的开裂所设的缝。伸缩缝缝宽一般为 20~30mm。

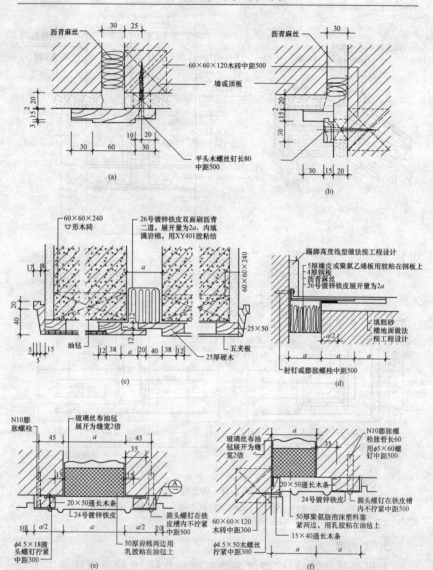

图 6-12 变形缝的构造
(a)墙面、顶棚;(b)墙面、顶棚与墙面;(c)墙面、顶棚;
(d)墙与楼地面;(e)墙面、顶棚;(f)墙面、顶棚与墙面伸缩缝内应填有防水、防腐性能的弹性材料,如沥青麻丝、橡胶条、塑料条等。外墙面上用镀锌铁皮盖缝,内墙面上应用木质盖缝条加以装饰。伸缩缝构造如图 6-13 所示。

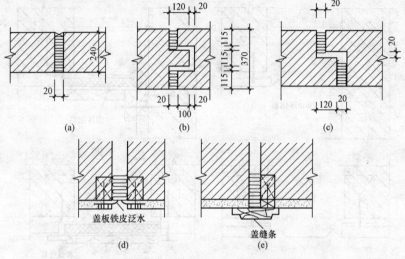

图 6-13 伸缩缝处墙体构造(尺寸单位:mm)
(a)平口缝;(b)楔口缝;(c)高低缝;(d)外墙面缝口盖镀锌铁皮;
(e)内墙面缝口盖缝条

(2)墙身沉降缝与伸缩缝构造基本相同,沉降缝是为了防止由于地基不均匀沉降引起建筑物的破坏所设的缝。沉降缝缝宽一般在 30～120mm。但外墙沉降缝常用金属调节片盖缝,以保证建筑物的两个独立单元能自由下沉不致破坏,沉降缝的构造做法如图 6-14 所示。

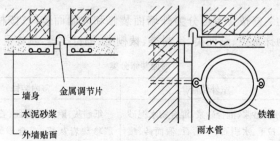

图 6-14 墙体沉降缝的构造

(3)防震缝处墙体构造与伸缩缝基本相同,是为了防止由于地震时造成相互撞击或断裂引起建筑物的破坏所设的缝,缝宽一般在50～120mm,并随着建筑物增高而加大。防震缝的构造如图6-15所示。

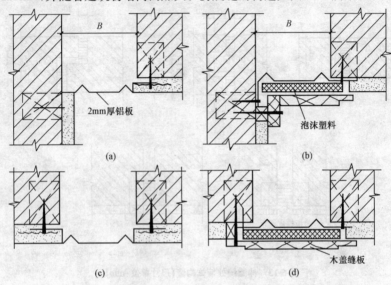

图 6-15 防震缝处墙体构造
(a)、(b)外墙面防震缝;(c)、(d)内墙面防震缝

第三节 墙面饰面工程

一、墙面装修的类型

墙面的装修按位置可分为外墙面装修和内墙面装修;按材料和施工方式可分为抹灰类、贴面类、涂料类、裱糊类、铺钉类等,具体见表6-2。

表6-2　　　　　　　饰面装修分类

类别	室外装修	室内装修
抹灰类	水泥砂浆、混合砂浆、混合物水泥砂浆、拉毛、水刷石、干粘石、假面砖、喷涂、滚涂等	纸筋灰、麻刀灰粉面、石膏粉面、膨胀珍珠岩灰浆、混合砂浆、拉毛、拉条等

(续)

类别	室外装修	室内装修
贴面类	外墙面砖、马赛克、水磨石板、天然石板等	釉面砖、人造石板、天然石板等
涂料类	石灰浆、水泥浆、溶剂型涂料、乳液涂料、彩色胶砂涂料、彩色弹涂等	大白浆、石灰浆、油漆、乳胶漆、水溶性涂料、弹涂等
裱糊类		塑料墙纸、金属面墙纸、木纹壁纸、花纹壁纸、纤维布、纺织面墙纸及锦缎等
铺钉类	各种金属饰面板、石棉水泥板、玻璃	各种木夹板、木纤维板、石膏板及各种布面板等

二、抹灰类装饰构造

内墙抹灰和外墙抹灰是装饰墙面抹灰的两种形式。内墙面抹灰一般采用纸筋灰、麻刀灰等。外墙面抹灰一般采用水泥砂浆、斩假石、水刷石、干粘石等。为保证抹灰层与基层(墙体)粘结牢固、表面均匀平整和防止出现裂缝,抹灰需分层进行,即底层灰、中层灰和面层灰(图 6-16)。

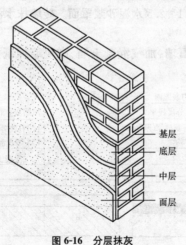

图 6-16 分层抹灰

(一)外墙抹灰饰面构造

1. 一般抹灰饰面

一般抹灰工程等级分为普通抹灰和高级抹灰,具体工程的抹灰等级由设计人定,如设计无要求时,按普通抹灰验收。

(1)混凝土墙、石墙、砖墙抹水泥砂浆构造做法如图 6-17 所示。

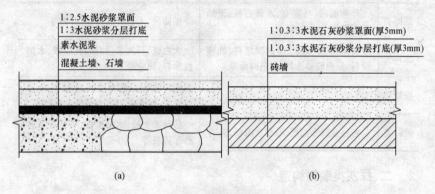

图 6-17 混凝土墙、石墙、砖墙抹水泥砂浆

识读分析:通过对图 6-17(a)的识读可以看出,混凝土墙、石墙抹水泥砂浆时,首先要在混凝土墙或石墙上刮一道素水泥浆,然后用 1∶3 水泥砂浆分层打底,最后用 1∶2.5 水泥砂浆罩面。砖墙抹水泥砂浆如图 6-17(b)所示。

(2)混凝土墙、石墙、加气混凝土墙、砌块墙抹纸筋灰构造做法如图 6-18 所示。

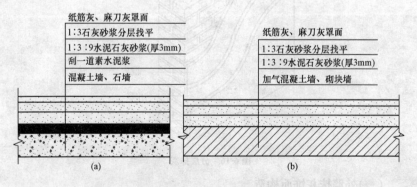

图 6-18 混凝土墙、石墙、加气混凝土墙、砌块墙抹纸筋灰

识读分析:通过对图 6-18 的识读可以看出,混凝土墙、石墙抹纸筋灰

时,首先要在墙面刮一道素水泥浆,然后用1∶3∶9水泥石灰砂浆打底,厚度为3mm,再用1∶3石灰砂浆分层找平,最后用纸筋灰、麻刀灰等罩面,如图6-18(a)所示。加气混凝土、砌块墙抹纸筋灰如图6-18(b)所示。

(3)窗台抹灰构造做法如图6-19所示。

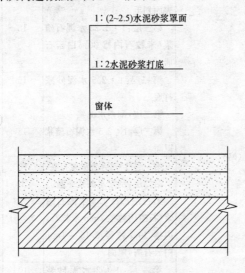

图6-19 窗台抹灰

识读分析:通过对图6-19的识读可以看出,窗台抹灰时,应先打底,厚度为10mm。先抹立面,后抹平面再抹底面,最后抹侧面。将八字尺卡住,上灰用抹子搓平,次日用1∶2水泥砂浆罩面。

2. 装饰抹灰饰面

(1)斩假石(剁斧石)饰面:可形成仿花岗石、玄武石、青条石等剁斧石效果,由设计人指定。斩假石一般做法见表6-3。

(2)水刷石和干粘石饰面:水刷石饰面的石子颜色、粒径由设计人规定。在建筑物底层和墙裙以下不宜采用干粘石饰面,以免碰撞损坏和遭受污染。

水刷石装饰抹灰分层做法见表6-4;干粘石装饰抹灰一般做法见表6-5。

表 6-3　　　　　　　　　　斩假石一般做法

名称	图示	分层做法	厚度/mm	操作要求
外墙斩假石	（略）	第一层：1∶2 水泥砂浆打底	10	(1)抹底层灰：抹底灰前刮素水泥浆一遍，底灰表面要划毛。 (2)分格：按设计要求弹出分格线，粘贴经水泡透的木分格条。 (3)抹底层灰：起底24h后，浇水养护，湿润基层，刮素水泥浆一遍，抹罩面灰，再用木抹子先左右、后上下洒水打磨均匀，并用毛刷蘸水轻刷一遍，把接槎处的水泥埂刷去，面层压实抹平，如为彩色墙面，应将水泥与颜料充分拌匀，然后加入石屑拌和。 (4)斩剁后墙面用钢丝刷顺斩纹刷净尘土，在分格缝处按设计要求做凹缝、上色
		第二层：刮素水泥浆一遍，表面划毛	1	
		第三层：1∶1.25 水泥石碴浆（米粒石内掺30%白云石屑）罩面	15	
		第一层：1∶2.5 水泥砂浆打底	10	
		第二层：刮素水泥浆一遍	2~3	
		第三层：1∶2.5 水泥石碴浆罩面	15	
		第一层：1∶2 水泥砂浆打底	10	
		第二层：刮素水泥浆一遍	1	
		第三层：1∶1.5 水泥石碴浆（石碴用粒径2mm 米粒石，内掺30% 粒径0.15~1mm 白云石屑）罩面	15	
		第一层：1∶2 水泥砂浆打底	10	
		第二层：刮素水泥浆一遍	1	
		第三层：1∶1.5 水泥石碴浆罩面	15	
外墙拉假石	木靠尺板　抓耙废锯条	第一层：1∶2 水泥砂浆打底	13	
		第二层：刮素水泥浆一遍	1	
		第三层：1∶1.25 水泥石英砂浆或水泥白云石屑浆罩面	15	

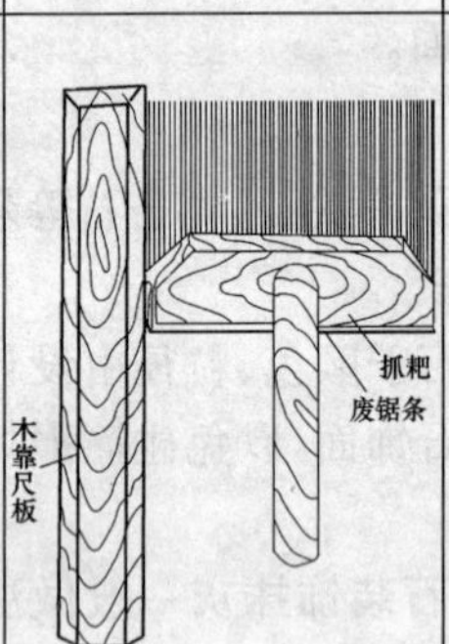

表 6-4　　　　　　　　水刷石装饰抹灰分层做法

名称	分层做法	厚度/mm	操作要求
外墙水刷石	第一层:1:3 水泥砂浆打底 第二层:刮素水泥浆一遍 第三层:1:1 水泥大八厘石碴浆罩面	12 1 8~12	(1)清理基层抹底灰:将墙面基层浮土清扫干净,并充分洒水湿润,为使底灰与墙体黏结牢固,应先刷素水泥浆一遍,随即用 1:3 水泥砂浆抹底灰。 (2)弹线分格、粘钉木条:底灰抹好后即进行弹线分格,要求横条大小均匀,竖条对称一致,把用水浸透的分格木条粘钉在分格线上,以防抹灰后分格条发生膨胀,影响质量,分格条要粘钉平直,接缝严密,面层做完后,应立即起出分格条。 (3)抹面层石碴浆:面层抹灰应在底层硬化后进行,一般先薄薄刮一层素水泥浆,随即用钢皮抹子抹水泥石碴浆,抹完一块后用直尺检查,及时增补,每一分格内从下边抹起,边抹边拍打揉平,特别要注意阴、阳角水泥石碴浆的涂抹,要拍平压实,避免出现黑边。 (4)面层开始凝固时,即用刷子蘸水刷掉(或用喷雾器喷水冲掉)面层素水泥浆至石子外露
	第一层:1:3 水泥砂浆打底 第二层:刮素水泥浆一遍 第三层:1:1.25 水泥中八厘石碴浆罩面	12 1 8~12	
	第一层:1:3 水泥砂浆打底 第二层:刮素水泥浆一遍 第三层:1:1.5 水泥小八厘石碴浆罩面	12 1 8~12	
外墙水洗豆石砂	第一层:1:3 水泥砂浆打底 第二层:刮素水泥浆一遍 第三层:1:1.5 水泥小豆石(粒径5~8mm)浆罩面	12 1 8~12	
外墙水刷砂	第一层:1:3 水泥砂浆打底 第二层:刮素水泥浆一遍 第三层:1:2 水泥绿豆砂浆罩面	12 1 8	
	第一层:1:3 水泥砂浆打底 第二层:刮素水泥浆一遍 第三层:1:0.2:1.5 水泥石灰混合砂浆罩面	12 1 8~12	

表 6-5　　　　　　　　　　干粘石分层做法

基体	示意图	分层做法
砖墙	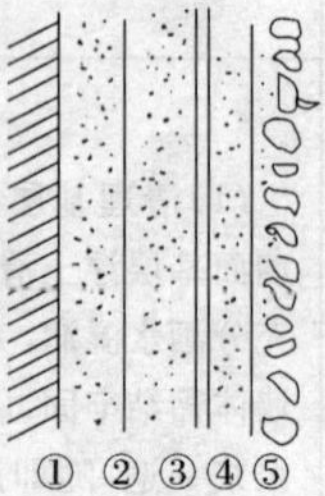 ①②③④⑤	①1∶3 水泥砂浆抹底层； ②1∶3 水泥砂浆抹中层； ③刷水灰比为 0.4～0.5 素水泥浆一遍； ④抹水泥∶石灰膏∶砂子∶108 胶＝100∶50∶200∶(5～15)聚合物水泥砂浆黏结层； ⑤4～6mm(中小八厘)彩色石粒
混凝土墙	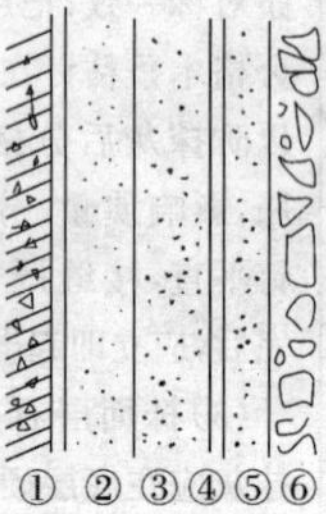 ①②③④⑤⑥	①刮水灰比为 0.37～0.4 素水泥浆或洒水泥砂浆； ②1∶0.5∶3 水泥混合砂浆抹底层； ③1∶3 水泥砂浆抹中层； ④刷水灰比为 0.4～0.5 素水泥浆一遍； ⑤抹水泥∶石灰膏∶砂子∶108 胶＝100∶50∶200∶(5～15)聚合物水泥砂浆黏结层； ⑥4～6mm(中小八厘)彩色石粒
加气混凝土墙	①②③④⑤⑥	①涂刷一遍 108 胶∶水溶液＝(1∶3)～(1∶4)； ②2∶1∶8 水泥混合砂浆抹底层； ③2∶1∶8 水泥混合砂浆抹中层； ④刷水灰比为 0.4～0.5 素水泥浆一遍； ⑤抹水泥∶石灰膏∶砂子∶108 胶＝100∶50∶200∶(5～15)聚合物水泥砂浆黏结层； ⑥4～6mm(中小八厘)彩色石粒

3. 某别墅外墙装饰立面图示意

外墙一般常用面砖、琉璃、涂料、石渣、石材等材料饰面，有的还用玻璃或铝合金幕墙板做成幕墙，使建筑物看起来明快、挺拔，具有现代感。如图 6-20 所示为某别墅室外装饰立面示意图。

(二)内墙抹灰饰面构造

1. 内墙抹灰分层做法

不同基体，其分层做法不尽相同，具体见表 6-6。

第六章 墙面施工图识读

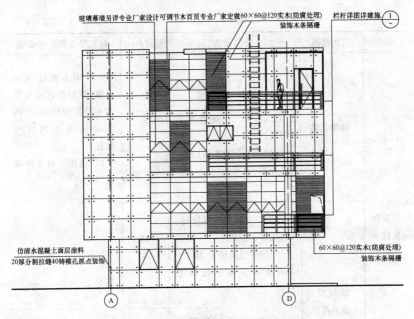

图 6-20 某别墅室外装饰立面示意图

表 6-6　　　　　内墙抹灰分层做法

名称	适用范围	分层做法	厚度/mm	施工要点和注意事项
石灰砂浆抹灰	砖墙基体	(1)1:2:8(石灰膏:砂:黏土)砂浆抹底、中层； (2)1:(2~2.5)石灰砂浆面层压光	13 6	应待前一层七八成干后，方可涂抹后一层
		(1)1:2.5 石灰砂浆抹底层； (2)1:2.5 石灰砂浆抹中层； (3)在中层还潮湿时刮石灰膏	7~9 7~9 1	(1)分层抹灰方法如前所述； (2)中层石灰砂浆用木抹子搓平稍干后，立即用钢抹子来回刮石灰膏，达到表面光滑平整，无砂眼，无裂纹，愈薄愈好； (3)石灰膏刮后 2h，未干前再压实压光一次

(续一)

名称	适用范围	分层做法	厚度/mm	施工要点和注意事项
石灰砂浆抹灰	砖墙基体	(1)1∶3 石灰砂浆抹底层； (2)1∶3 石灰砂浆抹中层； (3)1∶1 石灰木屑(或谷壳)抹面	7 7 10	(1)锯木屑过 5mm 孔筛，使用前将石灰膏与木屑拌和均匀，经钙化 24h，使木屑纤维软化； (2)适用于有吸声要求的房间
	加气混凝土条板基体	(1)1∶3 石灰砂浆抹底、中层； (2)待中层灰稍干，用 1∶1 石灰砂浆随抹随搓平压光	13 6	
		(1)1∶3 石灰砂浆抹底层； (2)1∶3 石灰砂浆抹中层； (3)刮石灰膏	7 7 1	墙面浇水湿润
水泥混合砂浆抹灰	砖墙基体	(1)1∶1∶6 水泥白灰砂浆抹底层； (2)1∶1∶6 水泥白灰砂浆抹中层； (3)刮石灰膏或大白腻子	7～9 7～9 1	(1)刮石灰膏和大白腻子，见石灰砂浆抹灰； (2)应待前一层抹凝结后，方可涂抹后一层
		1∶1∶3.5(水泥∶石灰膏∶砂子∶木屑)分两遍成活，木抹子搓平	15～18	(1)适用于有吸声要求的房间； (2)木屑处理同石灰砂浆抹灰； (3)抹灰方法同上

第六章 墙面施工图识读

(续二)

名称	适用范围		分层做法	厚度/mm	施工要点和注意事项
纸筋石灰或麻刀石灰抹灰	混凝土大板或大模板建筑内墙基体		(1)聚合物水泥砂浆或水泥混合砂浆喷毛打底; (2)纸筋石灰或麻刀石灰罩面	1~3 2或3	
	加气混凝土砌块或条板基体	1	(1)1:3:9水泥石灰砂浆抹底层; (2)1:3石灰砂浆抹中层; (3)纸筋石灰或麻刀石灰罩面	3 7~9 2或3	基层处理与聚合物水泥砂浆相同
		2	(1)1:0.2:3水泥石灰砂浆喷涂成小拉毛; (2)1:0.5:4水泥石灰砂浆找平(或采用机械喷涂抹灰); (3)纸筋石灰或麻刀石灰罩面	3~5 7~9 2或3	(1)基层处理与聚合物水泥砂浆相同; (2)小拉毛完后,应喷水养护2~3d; (3)待中层六七成干时,喷水湿润后进行罩面
	加气混凝土条板		(1)1:3石灰砂浆抹底层; (2)1:3石灰砂浆抹中层; (3)纸筋石灰或麻刀石灰罩面	4 4 2或3	
	板条、苇箔、金属网墙		(1)麻刀石灰或纸筋石灰砂浆抹底层; (2)麻刀石灰或纸筋石灰砂浆抹中层; (3)1:2.5石灰砂浆(略掺麻刀)找平; (4)纸筋石灰或麻刀石灰抹面层	3~6 3~6 2~3 2或3	

(续三)

名称	适用范围	分层做法	厚度/mm	施工要点和注意事项
石膏灰抹灰	高级装修的墙面	(1) 1:2~1:3麻刀石灰抹底层； (2) 同上配比抹中层； (3) 13:6:4(石膏粉:水:石灰膏)罩面分二遍成活，在第一遍未收水时即进行第二遍抹灰，随即用钢抹子修补压光两遍，最后用钢抹子溜光至表面密实光滑为止	6 7 2~3	(1) 底、中层灰用麻刀石灰，应在20天前消化备用，其中麻刀为白麻丝，石灰宜用2:8块灰，配合比为麻刀:石灰=7.5:1300(重量比)； (2) 石膏一般宜用乙级建筑石膏，结硬时间为5min左右，4900孔筛余量不大于10%； (3) 基层不宜用水泥砂浆或混合砂浆打底，亦不得掺用氯盐，以防返潮面层脱落
水砂面层抹灰	适用于高级建筑内墙面	(1) 1:2~1:3麻刀石灰砂浆抹底层、中层(要求表面平整垂直)； (2) 水砂抹面分二遍抹成，应在第一遍砂浆略有收水即进行第二遍。第一遍竖向抹，第二遍横向抹(抹水砂前，底子灰如有缺陷应修补完整，待墙干燥一致方能进行水砂抹面，否则将影响其表面颜色不均。墙面要均匀洒水，充分湿润，门窗玻璃必须装好，防止面层水分蒸发过快而产生龟裂)。水砂抹完后，用钢抹子压二遍，最后用钢抹子先横向后竖向溜光至表面密实光滑为止	13 2~3	(1) 水砂，即沿海地区的细砂，其平均粒径0.15mm，容重为1050kg，使用时用清水淘洗除去污泥杂质，含泥量小于2%为宜。石灰必须是洁白块灰，不允许有灰抹子，氧化钙含量不小于75%的二级石灰。 (2) 水砂砂浆拌制：块灰随淋随沥浆(用3mm径筛子过滤)将淘洗清洁的砂沥浆过的热灰浆进行拌和，拌和后水砂呈淡灰色为宜，稠度为12.5cm。热灰浆:水砂=1:0.75(重量比)，每立方米水砂砂浆约用水砂750kg，块灰300kg。 (3) 使用热灰浆拌和目的在于使砂内盐分尽快蒸发，防止墙面产生龟裂。水砂拌和后置于池内进行消化3~7d后方可使用

注：1. 本表所列配合比无注明者均为体积比。
　　2. 水泥强度等级32.5级以上，石灰为含水率50%的石灰膏。

2. 内墙饰面构造做法识读

(1) 底层和中层抹灰。底层和中层抹灰构造做法如图 6-21 所示。

识读分析：从图 6-21 可以看出，底层抹灰与中层抹灰时，在灰饼、冲筋及门窗口护角做好后即可进行，抹于墙面两冲筋之间，底层抹灰要低于冲筋，待收水后再进行中层抹灰，其厚度以垫平冲筋为准，并使其略高于冲筋。

(2) 面层抹灰。一般室内砖墙面层抹灰常用纸筋石灰、麻刀石灰、石膏浆、水砂、膨胀珍珠岩及刮大白腻子等。面层抹灰构造做法见表 6-7。

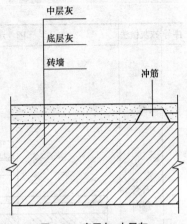

图 6-21　底层灰、中层灰

表 6-7　　　　　　　面层抹灰构造做法

序号	抹灰做法	图示	具体操作
1	纸筋石灰抹面层	—	纸筋石灰抹面层，一般应在中层砂浆六至七成干后进行（手捺不软，但有指印）。抹灰操作一般使用钢皮抹子，两遍成活，厚度不小于 2mm，一般由阴角或阳角开始，自左向右进行，两个配合操作，一人先竖向（或横向）薄薄抹一层，要使纸筋石灰与中层紧密结合，另一个横向（或竖向）抹第二层，抹平，并要压平溜光。压平后，如用排笔或茅扫帚蘸水横刷一遍，使表面色泽一致，用钢皮抹子再压实，揉平，抹光一次，则面层更为细腻光滑。阴、阳角分别用阴、阳角抹子捋光，随手用毛刷子蘸水将门窗边口阳角、墙裙和踢脚板上口刷净

(续一)

序号	抹灰做法	图示	具体操作
2	石膏罩面	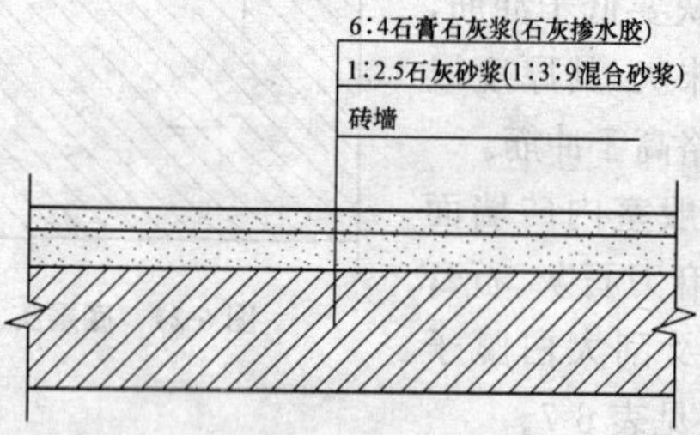 6:4石膏石灰浆(石灰掺水胶) 1:2.5石灰砂浆(1:3:9混合砂浆) 砖墙	首先对已抹好底子的表面用木抹子带水搓细,待底子灰约六成干方能罩面。罩面时以四人为一小组,第一人搅拌灰膏,第二人往墙面抹灰膏,第三人紧跟找平,第四人跟着压光。抹灰膏时要随拌随用,每次拌制量约五个灰板左右,调制动作要快,灰膏稠度要控制在8cm左右。拌制与抹灰、找平及压光要连续进行不能脱节,一般纯石膏控制在3~5min用完,6:4石膏石灰浆控制在7~10min用完,20~30min内压光交活
3	水砂罩面	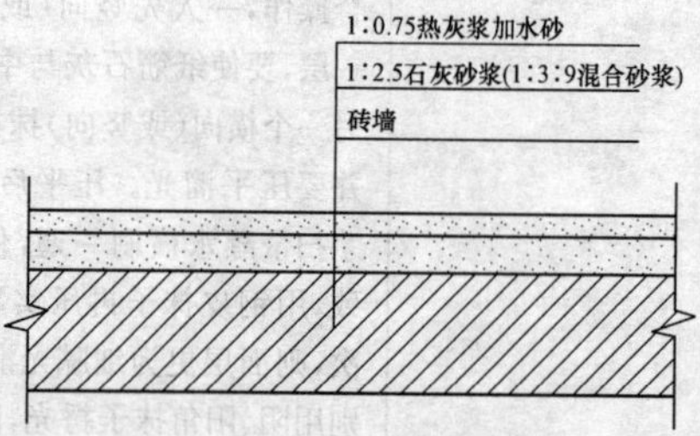 1:0.75热灰浆加水砂 1:2.5石灰砂浆(1:3:9混合砂浆) 砖墙	水砂罩面一般以两个人为一组,一个人用木抹子(木抹子中间稍有鼓起,便于使用)竖向薄薄抹上一遍,紧接着仍用木抹子横向抹平第二遍。另一人紧跟在后(视干湿程度,酌情洒水),用钢皮抹子竖向压光,这样连压数遍。待面层七成干时一边稍洒水(即走水),一边用钢皮抹子竖向压光,然后用阴、阳角抹子,随手捋光。如果墙面较高,则上下同时操作,防止接槎

(续二)

序号	抹灰做法	图示	具体操作
4	膨胀珍珠岩灰浆罩面	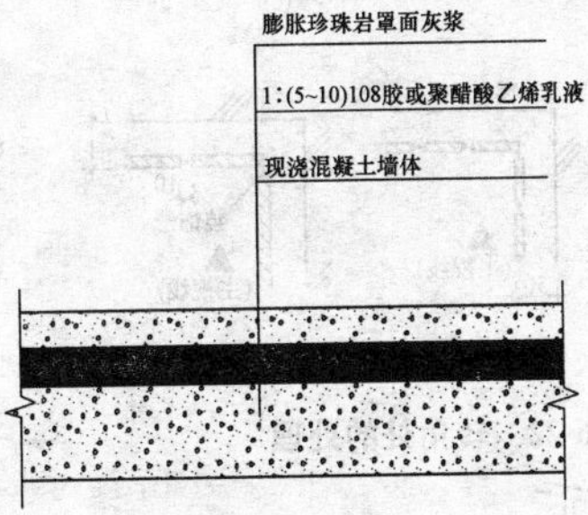 膨胀珍珠岩罩面灰浆 1:(5~10)108胶或聚醋酸乙烯乳液 现浇混凝土墙体	做法有两种,一是石灰膏:膨胀珍珠岩:纸筋:聚醋酸乙烯乳液=100:10:10:0.3(松散体积比),二是水泥:石灰膏:膨胀珍珠岩=100:(10~20):(3~5)(质量比)。用于大规模现浇混凝土墙体时,如表面有油渍,应先用5%~10%火碱水溶液清洗两三遍,再用清水冲洗干净。一般基层涂刷1:(5~10)的108胶或聚醋酸乙烯乳液后抹罩面灰浆。操作方法基本同石膏罩面,要随抹随压,至表面平整光滑为止。厚度越薄越好,通常为2mm左右
5	刮大白腻子	 1:(1.6~1.8)大白粉、NS-1胶液 1:2.5石灰砂浆 砖墙	面层刮大白腻子,一般应在中层砂浆干透,表面坚硬呈灰白色,且没有水迹及潮湿痕迹,用铲刀刻划显白印时进行。 首先清理基体,不平处用罩膏刮平,干后用砂纸打平。干燥墙面应先喷水稍加润湿

三、贴面类装饰构造

贴面类墙面是指把规格和厚度都比较小的块料粘贴到墙体上的一种装饰方法。常用的贴面材料有瓷砖、陶瓷锦砖、大理石、花岗石等。这类装修耐久、施工方便、易于清洗、并具有很强的装饰性。

贴面类墙面的装饰识图时要特别注意转角处的处理(图 6-22)和节点处的处理(图 6-23)。

四、涂料类

涂料类是指将各种涂料涂刷于墙体表面,利用形成的膜层,保护墙体并起到装饰效果的一种装饰方法,这种方法简单、方便、便于维修。

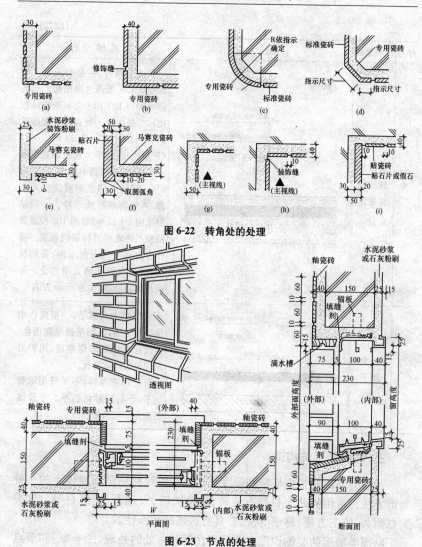

图 6-22 转角处的处理

图 6-23 节点的处理

五、裱糊与软包类

裱糊与软包类饰面是采用柔性装饰材料,利用裱糊、软包方法所形成的一种内墙面饰面,是高级室内装饰最常用的一种。

识读裱糊与软包墙面的时候,要特别注意其构造,如图 6-24 所示。

第六章 墙面施工图识读

裱糊前要求表面基层平整、干净、阴阳角顺直。

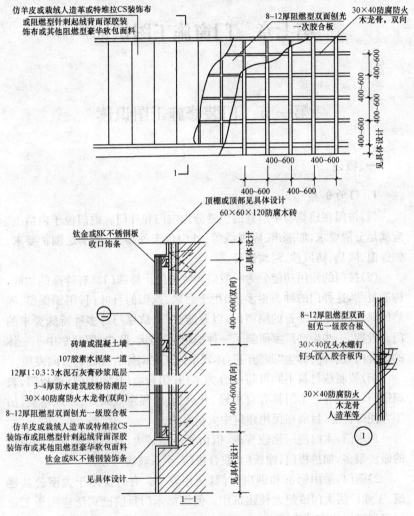

图6-24 无吸音层软包饰面

六、铺钉类

铺钉类饰面是只用竹、木及其制品、胶合板、纤维板、石膏板和金属薄板等材料制成的各类饰面,通过镶、钉、拼贴等方法构成的墙体饰面。

第七章 门窗施工图识读

第一节 门装修施工图识读

一、概述

1. 门的分类

(1)按门在建筑物中所处的位置分为内门和外门。内门位于内墙上,应满足分隔要求,如隔声、隔视线等;外门位于外墙上,应满足围护要求,如保温、隔热、防风沙、耐腐蚀等。

(2)按门的使用功能分为一般门和特殊门。特殊门具有特殊的功能,构造复杂,这种门的种类很多,如用于通风、遮阳的百叶门,用于保温、隔热的保温门,用于隔音的隔声门,以及防火门、防爆门等多种特殊要求的门。近期,一些生产厂家研制了一种把防盗、防火、防尘、隔热集中于一体的综合门,这种门称为"四防门",体现了门正在向综合性能的方向发展。

(3)按制造材料不同可将门分为木门、铝合金门、塑钢门、彩板门、玻璃钢门、钢门等。木门具有自重轻、开启方便、隔声效果好、外观精美、加工方便等优点,目前在民用建筑中大量采用。

1)木门:木门使用比较普遍,但由于重量较大,有时容易下沉。门扇的做法很多,如拼板门、镶板门、胶合板门、半截玻璃门等。

2)钢门:采用钢框和钢扇的门,使用较少。有时仅用于大型公共建筑、工业厂房大门或纪念性建筑中。但钢框木门目前已广泛应用于工业厂房和民用住宅等建筑中。

3)钢筋混凝土门:这种门较多用于人防地下室的密闭门。缺点是自重大,必须妥善解决连接问题。

4)铝合金门:这种门主要用于商业建筑和大型公共建筑的主要出入口等。表面呈银白色或深青钢色,它给人以轻松、舒适的感觉。

第七章 门窗施工图识读

(4)按门的开启方式分为平开门、弹簧门、推拉门、转门、折叠门、卷帘门和翻板门等。

1)平开门：平开门是水平开启的门，与门框相连的铰链装在门扇的一侧，是门扇围绕铰链轴转动，作为安全疏散门时应外开启。在寒冷地区，为满足保温要求，可以做成内、外开启的双层门。需要安装纱门的建筑，纱门与玻璃门为内、外开。

2)弹簧门：又称为自由门。它分为单面弹簧门和双面弹簧门两种类型。弹簧门主要用于人流出入频繁的地方，但托儿所、幼儿园等类型建筑中儿童经常出入的门，不可采用弹簧门，以免碰伤小孩。由于弹簧门有较大的缝隙，所以不利于保温。

3)推拉门：推拉门的门扇挂在门洞口上部的预埋轨道上，装有滑轮，可沿轨道左右滑行。这种门悬挂在门洞口上部的支承铁件上，然后左右推拉。其特点是不占室内空间，但因封闭不严，所以在民用建筑中较少采用，而电梯门则大多使用推拉门。

4)转门：转门由固定的弧形门套和三或四扇门门扇构成，门扇的一侧都安装在中央的一根竖轴上，可绕竖轴转动，人进出时推门缓行。转门的隔绝能力强，保温、卫生条件好，常用于大型公共建筑物的主要出入口。

5)卷帘门：多用于商店橱窗或商店出入口外侧的封闭门，还有带有车库的民用住宅等。

6)折门：又称折叠门。当门打开时，几个门扇靠拢，可以少占有效面积。门的外观形式如图 7-1 所示，其开启方向规定如图 7-2 所示。

2. 门洞口大小确定

一个房间应该开几个门？每个建筑物应该有多少大门和门的总宽度应该是多少？类似这样的问题，一般是根据交通疏散的要求和防火规范来确定的。这些问题设计人员会按照规范来考虑，施工人员只需简单了解。

一般规定：公共建筑安全入口的数目应不少于两个；但房间面积在 $60m^2$ 以下，人数不超过 50 人时，可只设一个出入口。

对于低层建筑，每层面积不大，人数也较少的，可以设一个通向户外的出口。门的宽度也要符合防火规范的要求。

对于人员密集的公共场所，如剧院、电影院、礼堂、体育馆等，疏散门

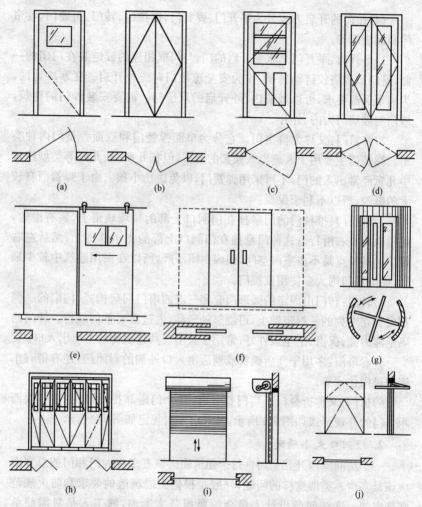

图 7-1 门的外观形式
(a)单扇内平开门;(b)双扇外平开门;(c)单扇弹簧门;(d)双扇弹簧门
(e)单扇左右推拉门;(f)双扇左右推拉门;(g)旋转门
(h)折叠门;(i)卷帘门;(j)翻板门

的宽度,一般可按每百人 0.65～1.0m(宽度)选取;当人员较多时,出入口分散布置。

第七章 门窗施工图识读 · 161 ·

图 7-2 门开启方向的规定

对于学校、商店、办公楼等民用建筑的门窗,可以按照表 7-1 的要求设置。表中所列数值均为最低要求,在实际确定门的数量和宽度时,还要考虑到通风、采光、交通及搬运家具、设备要求等。门的最小宽度值为:住宅户门为 1000mm;住宅居室门为 900～1000mm;住宅厨房、厕所门为 700mm;住宅阳台门为 800mm;住宅单元门为 1200mm;公共建筑外门为 1200mm。

表 7-1　　　　　　　楼梯和门的宽度指标

百人指标(m) 层数	耐火等级 一、二级	三级	四级
1、2 层	0.65	0.75	1.00
3 层	0.75	1.00	—
≥4 层	1.00	1.25	—

注:1. 计算疏散楼梯的总宽度时应按本表分层计算,当每层人数不等时,其总宽度可分层计算,下层楼梯的总宽度按其上层人数最多一层的人数计算。
　　2. 底层外门的总宽度应按该层或该层以上人数最多的一层人数计算,供楼上人员疏散的外门,可按本层人数计算。

表 7-2 为门的部分系列尺寸示意图。

3. 门的选用

(1)一般在公共建筑经常出入的向西或向北的门,均应设置双道门或门斗,以避免冷风直接袭入。外面一道门采用外开门,里面的一道门宜采用双面弹簧门或电动推拉门,如图 7-3 所示。

(2)湿度大的门不宜选用纤维板门或胶合板门、木制门。

(3)大型营业性餐厅至备餐间的门,宜做成双扇上下行的单面弹簧门,带小玻璃。

表7-2　　　　　　　　　门的部分系列尺寸示意

洞口宽	700	800	900	1000	1200	1500	1800
门窗	670	770	870	970	1170	1470	1770
2100/2090							
2400/2390							
2500/2490							
2700/2690							
3000/2990							

(4) 体育馆内运动员经常出入的门,门扇净高不得低于2200mm。

(5) 托幼建筑的儿童用门,不得选用弹簧门,以免挤手碰伤。

(6) 所有的门若无隔间要求,不得设门槛。

4. 门的布置

(1) 两个相邻并经常开启的门,应避免开启时相互碰撞。

(2) 门开向不宜朝西或朝北,以减少冷风对室内环境的影响。住宅内门的位置和开启方向,应结合家具的布置来考虑。

(3) 向外开启的平开外门,应采取防止风吹碰撞的措施。如将门退进

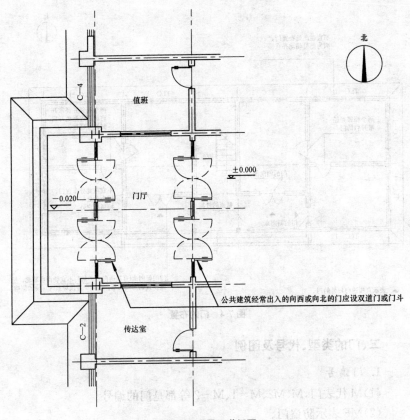

图 7-3 设置双道门图

墙洞,或设门挡风钩等固定措施,并应避免开足时与墙垛腰线等突出物碰撞。

(4)经常出入的外门宜设雨篷或雨罩,楼梯间外门雨篷下如设吸顶灯时,应防止被门扉碰碎。

(5)门框立口宜立墙里口(内开门)、墙外口(外开门),也可立中口(墙中),以适应装修、连接的要求。

(6)凡无间接采光通风要求的套间内门,不需设上亮子,也不需设纱扇。

(7)变形缝外不得利用门框来盖缝,门扇开启时不得跨缝。门的布置如图 7-4 所示。

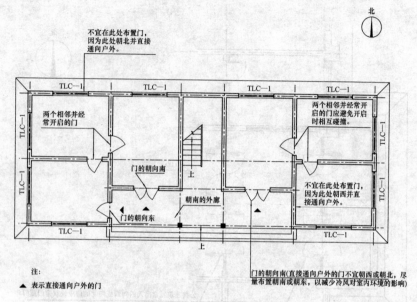

图 7-4 门的布置

二、门的类型、代号及图例

1. 门编号

(1) M 代表门，M、M2、M-1、M-2 等都是门的编号。
(2) MF 表示防盗门。
(3) LMT 表示铝合金推拉门。

2. 门的类型及代号

门的类型及代号见表 7-3。

表 7-3　　　　　　　门的类型与代号

代号 木门	门类型	代号	门类型	代号	门类型
M1	夹板门	M4	夹板带小玻百叶门	M7	夹板半玻门
M2	夹板带小玻门	M5	夹板侧条玻璃门	M8	夹板带观察孔门
M3	夹板带百叶门	M6	夹板中条玻璃门	M9	实木镶板半玻门

(续)

代号	门类型	代号	门类型	代号	门类型
木门					
M10	实木整玻门	M15	实木镶板半玻弹簧门	SM	实木装饰门
M11	实木小格全玻门	M16	实木整玻弹簧门	BM	实木玻璃装饰门
M12	实木镶板小格半玻门	M17	夹板吊柜、壁柜、门	XM	实木镶板装饰门
M13	实木拼板门	TM	推拉木门	FM	木质防火门
M14	实木拼板小玻门	JM	夹板装饰门		

注：表7-3中相应的编号图如图7-5所示。

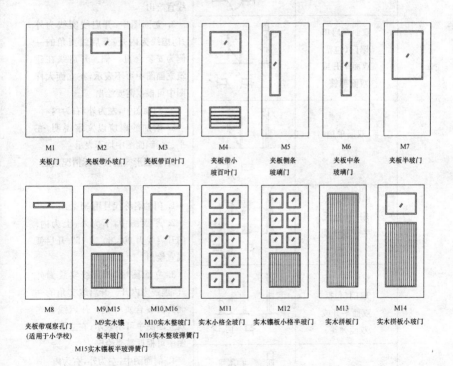

图7-5 门的编号图

3. 详图常见图例

常用门的图例见表7-4。

表 7-4　　　　　　　　　　　常用门的图例

序号	名称	图例	备注
1	空门洞	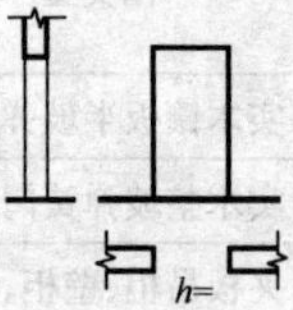	h 为门洞高度
2	单面开启单扇门（包括平开或单面弹簧）	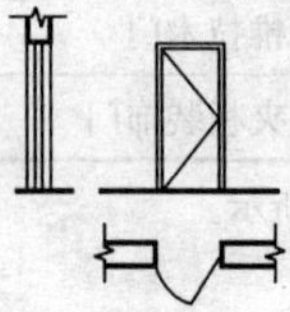	1. 门的名称代号用 M 表示 2. 平面图中，下为外，上为内。门开启线为 90°、60°或 45°，开启弧线宜绘出 3. 立面图中，开启线实线为外开，虚线为内开，开启线交角的一侧为安装合页一侧。开启线在建筑立面图中可不表示，在立面大样图中可根据需要绘出 4. 剖面图中，左为外，右为内 5. 附加纱扇应以文字说明，在平、立、剖面图中均不表示 6. 立面形式应按实际情况绘制
	双面开启单扇门（包括双面平开或双面弹簧）	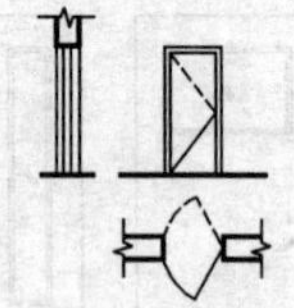	
	双层单扇平开门	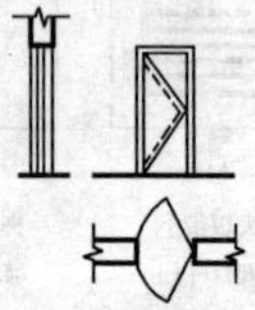	
3	单面开启双扇门（包括平开或单面弹簧）	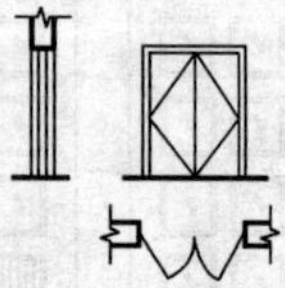	1. 门的名称代号用 M 表示 2. 平面图中，下为外，上为内。门开启线为 90°、60°或 45°，开启弧线宜绘出 3. 立面图中，开启线实线为外开，虚线为内开。开启线交角的一侧为安装合页一侧。开启线在建筑立面图中可不表示，在立面大样图中可根据需要绘出 4. 剖面图中，左为外，右为内 5. 附加纱扇应以文字说明，在平、立、剖面图中均不表示 6. 立面形式应按实际情况绘制
	双面开启双扇门（包括双面平开或双面弹簧）	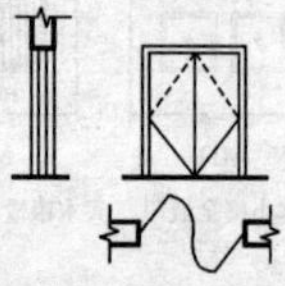	
	双层双扇平开门	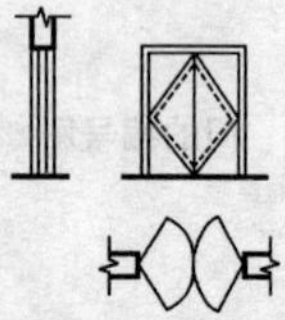	

第七章　门窗施工图识读

(续一)

序号	名　称	图　例	备　注
4	折叠门	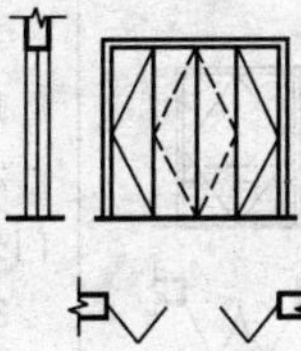	1. 门的名称代号用 M 表示 2. 平面图中,下为外,上为内 3. 立面图中,开启线实线为外开,虚线为内开,开启线交角的一侧为安装合页一侧 4. 剖面图中,左为外,右为内 5. 立面形式应按实际情况绘制
	推拉折叠门	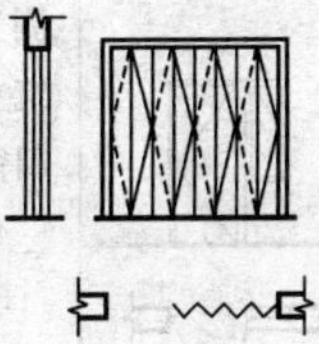	
5	墙洞外单扇推拉门	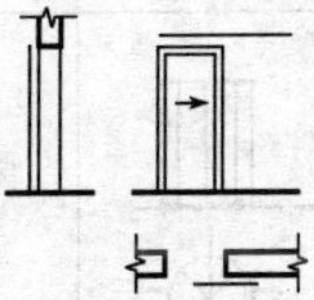	1. 门的名称代号用 M 表示 2. 平面图中,下为外,上为内 3. 剖面图中,左为外,右为内 4. 立面形式应按实际情况绘制
	墙洞外双扇推拉门	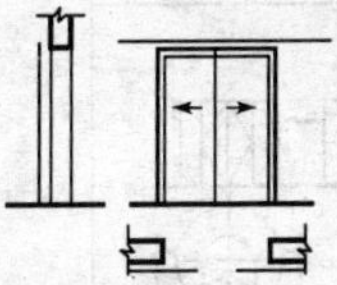	
	墙中单扇推拉门	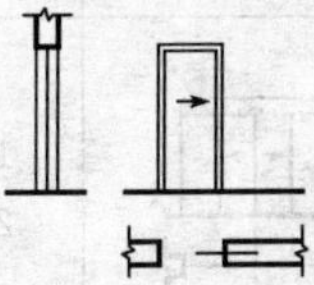	1. 门的名称代号用 M 表示 2. 立面形式应按实际情况绘制
	墙中双扇推拉门	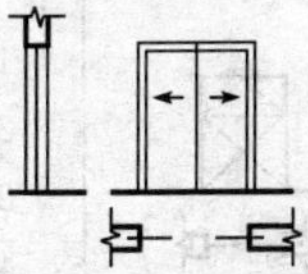	

(续二)

序号	名称	图例	备注
6	推杠门	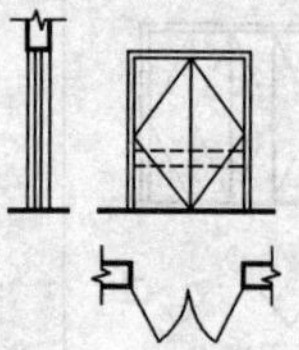	1. 门的名称代号用 M 表示 2. 平面图中，下为外，上为内。门开启线为 90°、60°或 45° 3. 立面图中，开启线实线为外开，虚线为内开，开启线交角的一侧为安装合页一侧。开启线在建筑立面图中可不表示，在室内设计门窗立面大样图中需绘出 4. 剖面图中，左为外，右为内 5. 立面形式应按实际情况绘制
7	门连窗	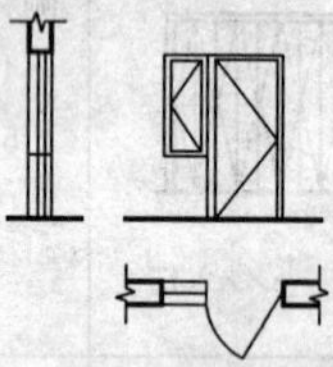	
8	旋转门	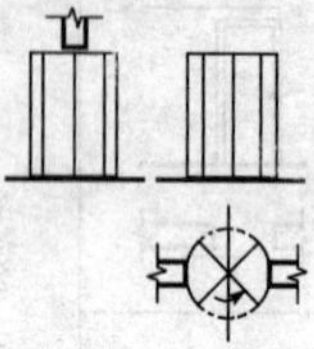	1. 门的名称代号用 M 表示 2. 立面形式应按实际情况绘制
8	两翼智能旋转门	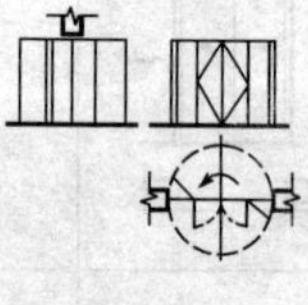	
9	自动门	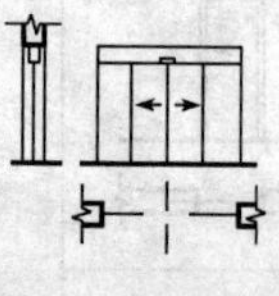	1. 门的名称代号用 M 表示 2. 立面形式应按实际情况绘制
10	折叠上翻门	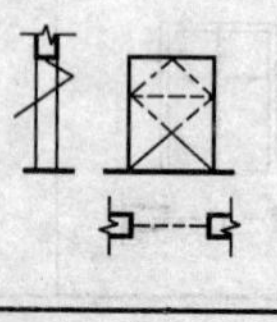	1. 门的名称代号用 M 表示 2. 平面图中，下为外，上为内 3. 剖面图中，左为外，右为内 4. 立面形式应按实际情况绘制

(续三)

序号	名 称	图 例	备 注
11	提升门		1. 门的名称代号用 M 表示 2. 立面形式应按实际情况绘制
12	分节提升门		
13	人防单扇防护密闭门		1. 门的名称代号按人防要求表示 2. 立面形式应按实际情况绘制
	人防单扇密闭门		
14	人防双扇防护密闭门		1. 门的名称代号按人防要求表示 2. 立面形式应按实际情况绘制
	人防双扇密闭门		

(续四)

序号	名 称	图 例	备 注
15	横向卷帘门	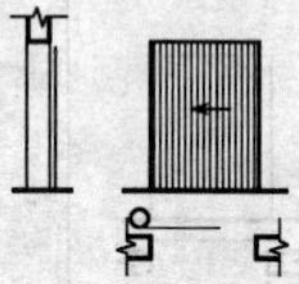	
	竖向卷帘门	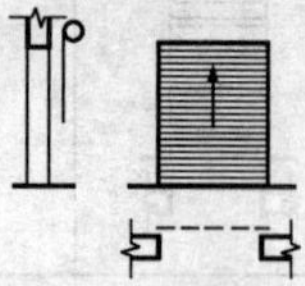	
	单侧双层卷帘门	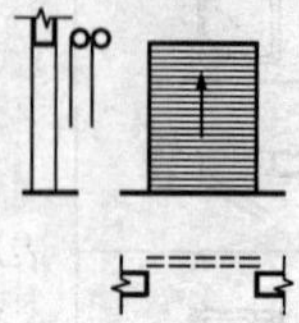	
	双侧单层卷帘门	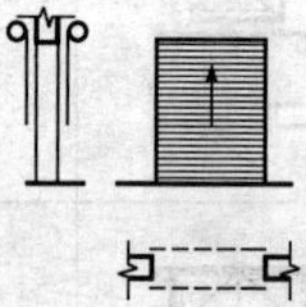	

三、木门的构造

(一)门的尺寸

一般单扇门宽 900～1000mm；双扇门宽 1500～1800mm。门高为 2100～2300mm，当门高在 2400mm 以上时，门上应设门亮子。

(二)门的基本构造

门一般由门框、门扇、五金零件及附件组成，如图 7-6 所示。

第七章 门窗施工图识读

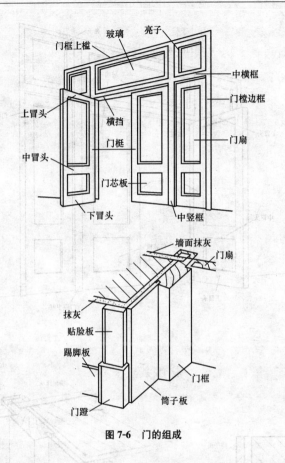

图 7-6 门的组成

1. 门框

门框是门与墙体的连接部分,由上槛、腰框、边框、中框等部分组成,如图 7-7 所示。有门上窗时,在门扇与门上窗之间设中贯横挡。门框连接部位用榫眼连接。

门框的断面形状与尺寸取决于门扇的尺寸、开启方式和门扇的层数、裁口大小等,由于门框要承受各种撞击荷载和门扇的重量作用,应有足够的强度和刚度,故其断面尺寸较大,如图 7-8 所示。

门框的最小断面一般为 45mm×90mm,裁口宽度应稍大于门扇厚度,裁口深度为 10mm×12mm。

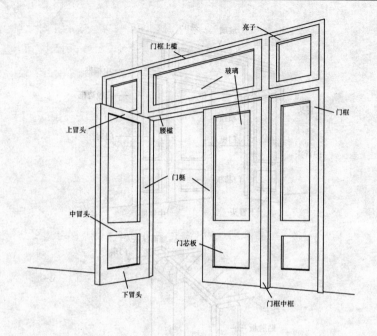

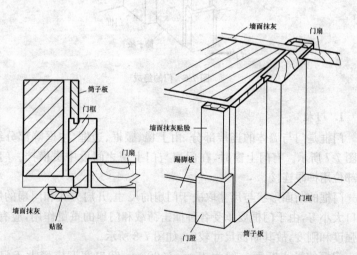

图 7-7 门框的立面图

第七章　门窗施工图识读

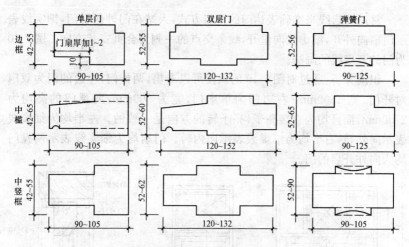

图 7-8　平开门门框的断面形状及尺寸

门框内平、门框居中、门框外平和门框内外平是门框在墙洞中的几种形式。一般情况下多做在开门方向一边，与抹灰面平齐，尽可能使门扇开启后能贴近墙面。对较大尺寸的门，为能牢固地安装，多居中设置，如图 7-9 所示。

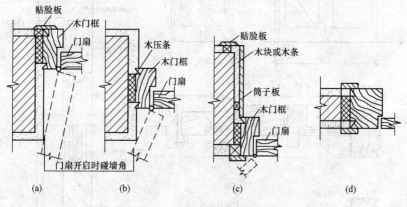

图 7-9　门框在墙洞中的位置
(a)外平；(b)立中；(c)内平；(d)内外平

2. 门扇

根据门窗的不同构造形式，木门的门扇有多种做法，常见的有镶板门、拼板门、夹板门等。

常用开启线来准确表达门的开启方式,人站在门外侧看门,细实线表示门扇向外开,细虚线向里开,线条交点的一侧为合页安装方向。图7-10为门的开启线的画法。

识读分析:通过对图7-10的识读可以看出,两樘门,左边的门为双扇对开门,宽1500mm;右边门为单扇门,宽为900mm,两樘门的高均为2700mm,而且均为立转亮子,亮子转的方向是一致的。左半均为细实线表示向外转,右半均为细虚线表示向内转。门扇均为细实线表示两樘门均为向外开启的门。

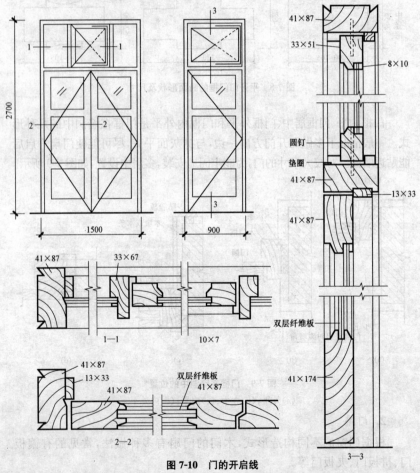

图7-10 门的开启线

(1)镶板式门扇构造。镶板式门扇是做好门扇框后,将门板嵌入门扇框上的凹槽中。这种门窗的木方用量较大,二板材用量较少。镶板门由上、中、下冒头和边梃组成骨架,中间镶嵌门芯板(图7-11)。骨架一般由上冒头、下冒头及边梃组成,有时还有中冒头或竖向中梃。门芯板可采用木板、胶合板、硬质纤维板及塑料板等,有时门芯板可部分或全部采用玻璃,则称为半玻璃(镶板)门或全玻璃(镶板)门。

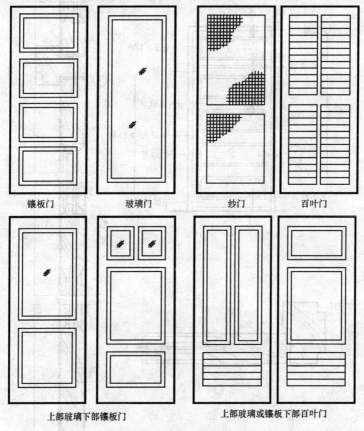

图7-11 镶板门门扇立面图

镶板门的构造做法详如图7-12所示。

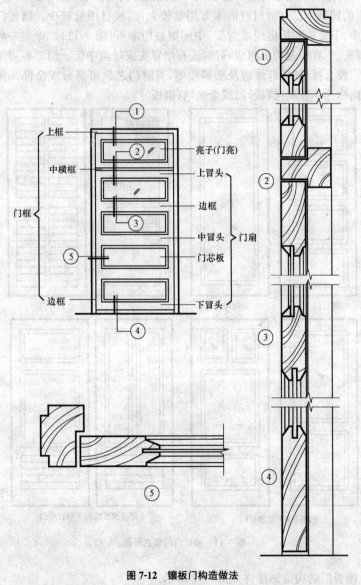

图 7-12 镶板门构造做法

(2)拼板门。拼板门的构造与镶板门相同,由骨架和拼板组成,骨架是由竖向木方和横挡木方组成,竖向与横挡木方的连接,通常是用单榫结构。拼板门的拼板用35～45mm厚的木板拼接而成,因而自重较大,但坚固耐久,多用于库房、车间的外门,如图7-13所示。

拼板门的构造做法详见图7-14。

(3)夹板门。夹板门一般用于室内的门,浴室、厨房等潮湿房间不宜采用。夹板门门扇由骨架和面板组成(图7-15),骨架通常采用(32～35)mm×(34～36)mm的木料制作,内部用小木料做成格形纵横肋条,肋距一般为300mm左右。在骨架的两面可铺钉胶合板、硬质纤维板或塑料板等,门的四周可用15～20mm厚的木条镶边,以取得整齐美观的效果。

夹板门构造简单,自重轻、外形简洁,但不耐潮湿与日晒,多用于干燥环境中的内门。

夹板门的构造做法详见图7-16。

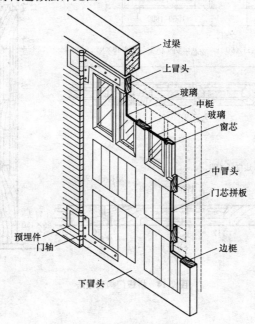

图7-13 拼板门构造

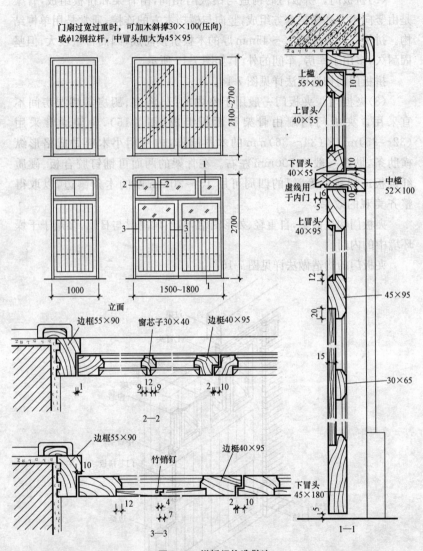

图 7-14 拼板门构造做法

第七章 门窗施工图识读

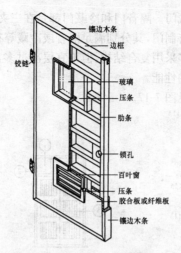

图 7-15 夹板门构造示意

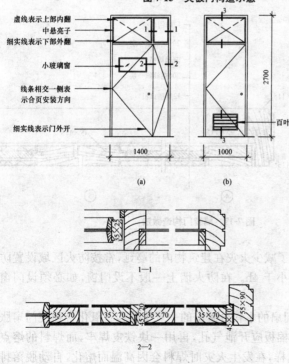

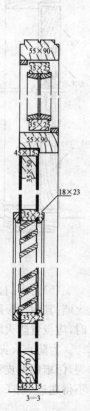

图 7-16 夹板门构造做法

(4)隔音门、冷藏门。隔音门和冷藏门都是在三夹板或木板内填以矿棉等材料而形成的特制门,其分别满足隔音或冷藏等有关规范的要求。

一般隔音门扇多采用复合结构,但不宜层次过多,主要是利用空腔和吸声材料提高隔声的性能。

隔音门做法详见图 7-17。

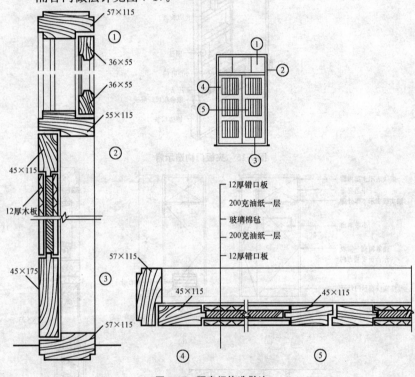

图 7-17 隔音门构造做法

(5)防火门。为了减少火灾在建筑物内的蔓延,常按防火区域设置防火墙,其耐火极限不小于 4h。在防火墙上一般不设门窗,如必须设门窗时,应设置防火墙。

为防止火灾时门扇的木料分解出的一氧化碳和碳氧化合物使门扇胀裂,门扇的铁皮和石棉板应开泄气孔,再用一块铁皮焊牢,而焊料的熔点不得超过 350℃。这样,在发生火灾时焊料会因高温而熔化,自动脱落排气,而不致使防火门爆裂。

防火门分为甲、乙、丙三个等级,甲级耐火极限为1.2h,主要用于防火墙上;乙级耐火极限为0.9h,主要用于防烟楼梯的前室和楼梯口;丙级耐火极限为0.6h,主要用于管道检查口等。

防火门的构造做法详见图7-18。

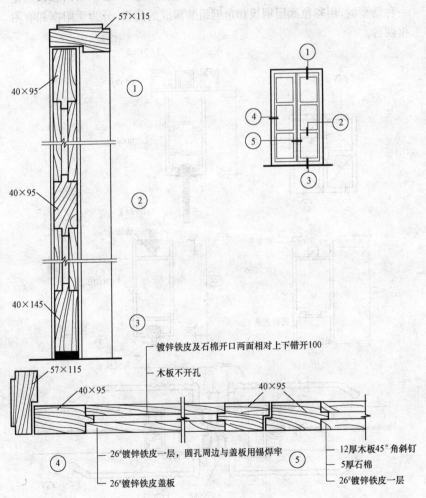

图7-18 防火门构造做法

四、金属门的构造

目前,建筑中金属门包括塑钢门、铝合金门、彩板门等。塑钢门多用于住宅的阳台门,开启方式多为平开或推拉;铝合金门多为半截玻璃门,采用平开的开启方式,门扇的上下梃处用地弹簧连接(图 7-19);彩板门是一种新型的,用彩色涂层钢板和角钢组装而成的门窗,分为无附框和有附框两种。

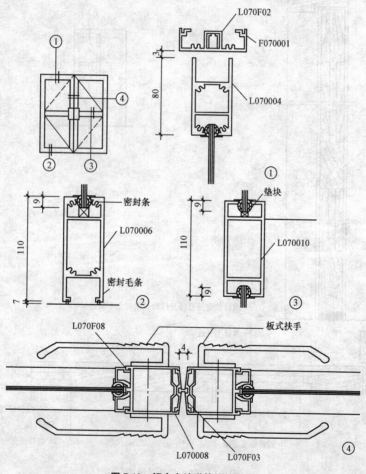

图 7-19 铝合金地弹簧门的构造

第七章 门窗施工图识读

铝合金门是目前常用门之一,其由铝合金门框、门扇、腰窗及五金零件组成。按其门芯板的镶嵌材料可分为铝合金条板门、半玻璃门、全玻璃门等形式,其主要有平开、弹簧、推拉三种开启方式。

铝合金弹簧门的构造如图 7-20 所示。铝合金门有国家标准图集,各地区也有相应的通用图供选用。

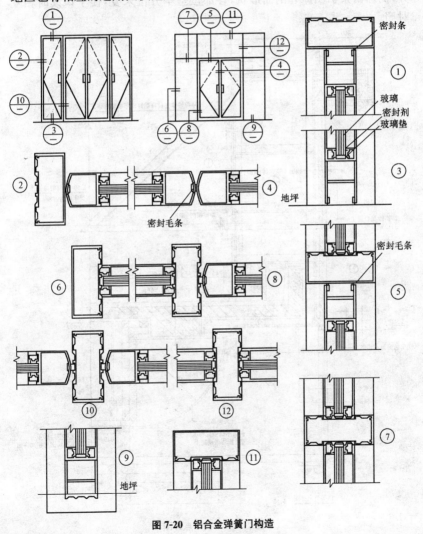

图 7-20 铝合金弹簧门构造

五、门装饰施工图识读

1. 门头节点详图

如图 7-21 所示,门头由 3 个节点详图组成。通过断开和省略相同部分,仍保留索引图原有剖面形状,各部位基本方位未变,便于识读时相互对照。

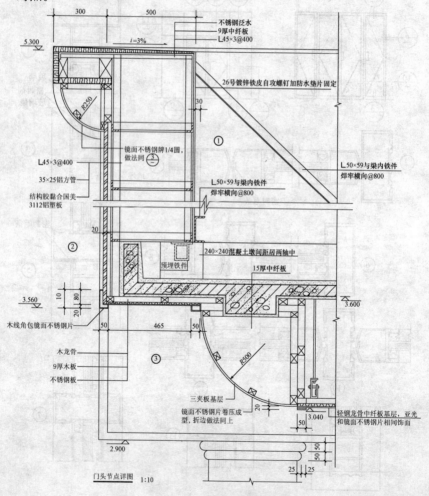

图 7-21 门头节点详图

识读分析:图 7-21 所示为门头节点详图。与被索引图样对应,检查各部分的基本尺寸和原则性做法是否相符。

(1)观察头上部造型体的结构形式与材料组成。从图中可以看出:

1)造型体的主体框架由 45×3 等边角钢组成。上部用角钢挑出一个檐,檐下阴角处有一个 1/4 圆,由中纤板和方木为龙骨,圆面基层为三夹板。

2)造型体底面是门廊顶棚,前沿顶棚是木龙骨,廊内顶棚是轻钢龙骨,基层面板均为中密度纤维板。

3)前后迭级之间又有一个 1/4 圆,结构形式与檐下 1/4 圆相同。

(2)观察装饰结构与建筑结构之间是怎样的连接方式。从图中可以看出:

1)造型体的角钢框架,一边搁于钢筋混凝土雨篷上,用金属胀锚螺栓固定(图中对通常做法均未予以注明)。另一边置于素混凝土墩和雨篷梁上,用一根通长槽钢将框架、雨篷梁及素混凝土墩连接在一起。

2)框架与墙柱之间用 50×5 等边角钢斜撑拉结,以增加框架的稳定。

(3)观察饰面材料与装饰结构材料之间的连接方式,以及各装饰面之间的衔接收口方式。从图中可以看出:

1)造型体立面是铝塑板面面层,用结构胶将其粘于铝方管上,然后用自攻螺钉将铝方管固定在框架上。门廊顶棚是镜面和亚光不锈钢片相间饰面,需折边 8mm 扣入基层板缝并加胶粘牢。

2)立面铝塑板与底面不锈钢片之间用不锈钢片包木压条收口过渡。

(4)观察门头顶面排水方式。从图中可以看出:

1)造型体顶面为单面内排水。

2)不锈钢片泛水的排水坡度为 3%,泛水内沿做有滴水线,框架内立面用镀锌铁皮封完,雨水通过滴水线排至雨篷,利用雨篷原排水构件将顶面雨水排至地面。

2. 门及门套详图

图 7-22 所示为门及门套详图。

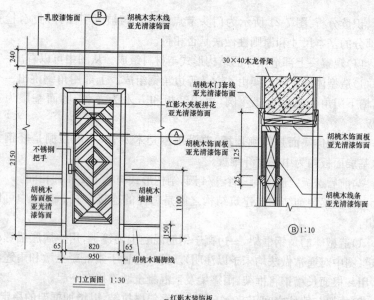

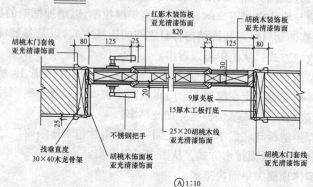

图7-22 装饰门及门套详图(单位:mm)

识读分析：

(1)门的立面图识读。从图中可以看出：

1)门扇装饰形式较简洁，门扇立面周边为胡桃木饰面板，门心板处饰以斜拼红影木饰面板，门套饰以胡桃木线条、亚光清漆饰面。

2)门的立面高为2.15m，宽为0.95m，门扇宽为0.82m，其中门套宽度为65mm。图中有"A""B"两个剖面索引符号，其中"A"是将门剖切后向下投影的水平剖面图，"B"为门头上方局部剖面，剖切后向右投影。

(2)门的平面图识读。从图中可以看出：

1)图 7-22 下方 A 详图为门的水平剖面图，它反映了门扇及两边门套的详细做法和线角形式。

2)门套的装饰结构由 30mm×40mm 木龙骨架(30mm、40mm 是木龙骨断面尺寸)、15mm 厚木工板打底，为了形成门的止口(门扇的限位构造)，还加贴了 9mm 夹板，然后再张贴胡桃木饰面板形成门套。

3)门的贴脸(门套的正面)做法较简单，直接将门套线安装在门套基层上，表面饰以亚光清漆。

4)门扇的拉手为不锈钢执手锁，门体为木龙骨架，表面饰以红影(中间)和胡桃木(两边)饰面板，为形成门表面的凹凸变化，胡桃木下垫有 9mm 夹板，宽度为 125mm。在两种饰面板的分界处用宽 25mm、高 20mm 的胡桃木角线收口，形成较好的装饰效果(俗称造型门)。

(3)门的节点详图识读。从图中可以看出：

1)B 详图为门头处的构造做法，与 A 详图表达的内容基本一致，反映门套与门扇的用料、断面形状、尺寸等，所不同的是该图是一个竖向剖面图，左、右的细实线为门套线(贴脸条)的投影轮廓线。

2)图 7-22 所示的 M3 门为内开门，图中的门扇在室内一侧。在门窗详图中通常要画出与之相连的墙面的做法、材料图例等，表示出门、窗与周边形体的联系，多余部分用折断线折断后省略。

特别注意：门的开启方向(通常由平面布置图确定其开启方向)。

第二节　窗装修施工图识读

一、概述

1. 窗的分类

(1)按所用材料分类。按窗的所用材料可分为木窗、钢窗、彩钢板窗、塑钢窗、铝合金钢窗以及复合材料如铝镶木窗等。其中，铝合金窗和塑钢窗外观精美、造价适中、装配化程度高，铝合金窗的耐久性好，塑钢窗的密封、保温性能优，所以在建筑工程中应用广泛；木窗由于消耗木材量大，耐火性、耐久性和密闭性差，其应用已受到限制。

1) 木窗:木窗是由含水率在18%左右的不易变形的木料制成,常用的有松木或与松木近似的木料。木窗的特点是加工方便,所以过去使用比较普遍。缺点是耐久性差,容易变形。

2) 钢窗:钢窗是用热轧特殊断面的型钢制成的窗。断面有实腹与空腹两种。钢窗耐久、坚固、防火、挡光少,对采光有利,可以节省木材。其缺点是关闭不严,空隙较大。现在已基本不用,特别是空腹钢窗将逐步取消。

3) 钢筋混凝土窗:钢筋混凝土的窗框部分采用钢筋混凝土做成,窗扇部分则采用木材或钢材制作。钢筋混凝土窗制作比较麻烦,所以现在基本上已不使用。

4) 塑料窗:这种窗的窗框与窗扇部分均采用硬质塑料构成,其断面为空腹形,一般采用挤压成型。由于易老化和变形等问题已基本解决,故目前已广泛使用。

5) 铝合金窗:这是一种新型窗,主要用于商店橱窗等。铝合金是采用铝镁硅系列合金钢材,表面呈银白色或深青铜色,其断面亦为空腹形,造价适中。

(2) 按窗的层数分类。按窗的层数可分为单层窗和双层窗两种,其中,单层窗构造简单,造价低,多用于一般建筑中;而双层窗的保温、隔声、防尘效果好,多用于对窗有较高功能要求的建筑中。双层窗扇和双层中空玻璃窗的保温、隔声性能优良,是节能型窗的理想类型。

(3) 按窗的开启方式分类。按窗的开启形式可分为固定窗、平开窗、旋窗、推拉窗、百叶窗等。

1) 固定窗:窗扇固定在窗框上不能开启,只供采光不能通风。固定窗的开启形式如图7-23所示。

2) 平开窗:这是使用最为广泛的一种,可以内开也可以外开,其示意图和施工图如图7-24所示。

3) 旋转窗:这种窗的特点是沿一条轴线旋转开启。由于旋转轴的安装位置不同,分为上悬窗、中悬窗、下悬窗;也可以沿垂直轴旋转而成垂直旋转窗。旋转窗的开启形式如图7-25所示。

4) 推拉窗:这种窗的特点是窗扇开启不占室内空间,通常可分为水平推拉窗和垂直推拉窗。推拉窗的开启形式如图7-26所示。

第七章 门窗施工图识读

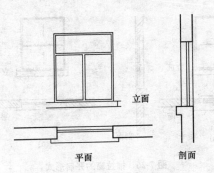

图 7-23 固定窗开启形式

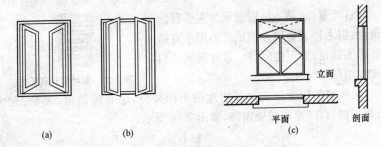

图 7-24 平开窗开启形式
(a)外平开示意图;(b)内平开示意图;(c)施工图

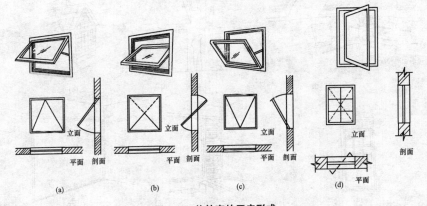

图 7-25 旋转窗的开启形式
(a)上悬窗;(b)中悬窗;(c)下悬窗;(d)立转窗

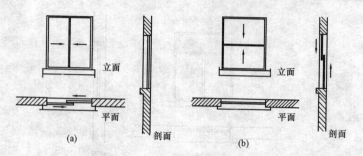

图7-26 推拉窗的开启形式
(a)水平推拉窗；(b)垂直推拉窗

5)百叶窗：这是一种以通风为主要目的的窗，由斜木片或金属片组成。多用于有特殊要求的部位，如卫生间等。百叶窗的开启形式如图7-27所示。

图7-27 百叶窗开启形式

(4)按窗的用途分类。按用途的不同来分，还有屋顶窗、天窗、老虎窗、双层窗、百叶窗和眺望窗等，如图7-28所示。

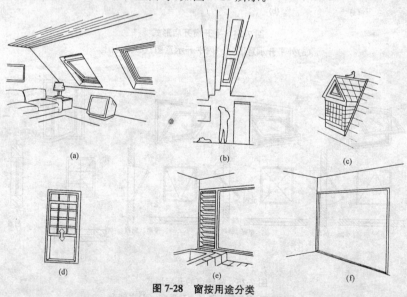

图7-28 窗按用途分类
(a)屋顶窗；(b)天窗；(c)老虎窗；(d)双层窗；(e)百叶窗；(f)眺望窗

(5)按窗造型分类。常见的有弓形凸窗、梯形凸窗和转角窗等,如图7-29所示。

图 7-29 窗按造型分类
(a)弓形凸窗;(b)梯形凸窗;(c)转角窗;(d)屏壁窗

2. 窗洞口大小确定

窗洞口大小的确定方法有两种,一种是根据窗地比(表7-5)计算;另一种是根据玻地比(表7-6)计算。

表 7-5　　　　　　　　窗地比最低值

建筑类别	房间或部位名称	窗地比
宿舍	居室、管理室、公共活动室、公用厨房	1/7
住宅	卧室、起居室、厨房 厕所、卫生间、过厅 楼梯间、走廊	1/7 1/10 1/14
托幼	音体活动室、活动室、乳儿室 寝室、喂奶室、医务室、保健室、隔离室 其他房间	1/7 1/6 1/8

(续)

建筑类别	房间或部位名称	窗地比
文化馆	展览、书法、美术	1/4
	游艺、文艺、音乐、舞蹈、戏曲、排练、教室	1/5
图书馆	阅览室、装裱间	1/4
	陈列室、报告厅、会议室、开架书库、视听室	1/6
	闭架书库、走廊、门厅、楼梯、厕所	1/10
办公	办公、研究、接待、打字、陈列、复印 设计绘图、阅览室	1/6

表 7-6　玻地比最低值

序号	房间或部位名称	玻地比
1	教室、美术、书法、语言、音乐、史地、合班教室及阅览室	1∶6
2	实验室、自然教室、计算机教室、琴房	1∶6
3	办公室、保健室	1∶6
4	饮水处、厕所、淋浴室、走道、楼梯间	1∶10

窗的尺度应根据采光、通风与日照的需要来确定，同时兼顾建筑造型和《建筑模数协调统一标准》(GBJ 2—1986)等的要求。

为确保窗的坚固、耐久，应限制窗扇的尺寸(表 7-7)，一般平开木窗的窗扇高度为 800～1200mm，宽度不大于 500mm；上下悬窗的窗扇高度为 300～600mm；中悬窗窗扇高度不大于 1200mm，宽度不大于 1000mm；推拉窗的高宽均不宜大于 1500mm。目前，各地均有窗的通用设计图集，可根据具体情况直接选用。

表 7-7　窗的标准尺寸　　　　　　　　　　　　　　　mm

洞口宽	600	900	1200	1500	1800	2100	2400
窗宽	570	870	1170	1470	1770	2070	2370
600	570	570	570	1170	L/3 L/3 L/3	L/3 L/3 L/3	L/3 L/3 L/3	600 870 600	535 1000 535	L/4 L/2 L/4	585 1200 585	1185 1185
900	870						
1200	1170	870					
1500	1470						

(续)

洞口宽	600	900	1200	1500	1800	2100	2400
窗宽	570	870	1170	1470	1770	2070	2370
1800 1770							

3. 窗的选用

(1)当窗面向外廊的居室、厨、厕时应向内开,如果是高窗,或窗高在人的高度以上时可外开,并应考虑防护安全及密闭性要求。

(2)无论低层多层、还是高层的所有民用建筑,除高级空调房间外(确保昼夜运转),均应设纱扇,并应注意避免走道、楼梯间、次要房间因漏装纱扇而常进蚊蝇。

(3)有高温、高湿及防火要求时,不宜采用木窗。

(4)用于锅炉房、烧火间、车库等处的外窗,可不装纱扇。

4. 窗的位置布置

(1)楼梯间外窗应考虑各层圈梁走向,避免冲突。作内开扇时,开启后不得在人的高度以内突出墙面。

(2)窗台高度由工作面需要而定,一般不宜低于工作面(900mm)。如窗台过高或上部开启时,应考虑开启方便,必要时加设开闭设施。当高度低于 800mm 时,需有防护措施。窗前有阳台或大平台时可以除外。

(3)需做暖气片时,窗台板下净高、净宽需满足暖气片及阀门操作空间的需要。

(4)错层住宅屋顶不上人处,尽量不设窗,如因采光或检修需设窗时,应有可锁启的铁栅栏,以免儿童上屋顶发生事故,并可以减少屋面损坏及相互串通。

二、窗的类型、代号及图例

1. 窗编号

(1)C 代表窗,C、C2、C-1、C-2 等都是窗的编号。

(2)LMC 表示铝合金门连窗。

(3)LC 表示铝合金窗。

2. 窗的类型及代号

窗的类型及代号见表7-8。

表7-8　　　　　塑钢门窗类型及代号

代号	类型	备注
TC	推拉窗	中空玻璃、带纱扇
WC	外开窗	中空玻璃、带纱扇(宜用于多层及低层建筑)
NC	内开下悬翻转窗	中空玻璃、带纱扇(可调节开启大小,可作为室内换气用)
DC	内开叠合窗	中空玻璃、带纱扇(内开扇叠向固定扇,不占空间)
H	异型固定窗	中空玻璃、带纱扇
TH	异型推拉窗	中空玻璃、带纱扇
WH	异型外开窗	中空玻璃、带纱扇
NH	异型内开窗	中空玻璃、带纱扇
TY	推拉窗外开门联窗	中空玻璃(如用在封闭阳台,阳台门和门联窗也可不设纱扇,工程设计中如增设纱扇或需改为单玻时可加注说明)
Y	外开窗外开门联窗	

3. 详图常见图例

详图常见图例见表7-9。

表7-9　　　　　常用窗的图例

序号	名称	图例	备注
1	固定窗	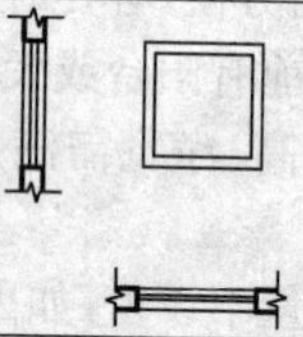	1. 窗的名称代号用C表示 2. 平面图中,下为外,上为内 3. 立面图中,开启线实线为外开,虚线为内开,开启线交角的一侧为安装合页一侧。开启线在建筑立面图中可不表示,在门窗立面大样图中需绘出 4. 剖面图中,左为外,右为内,虚线仅表示开启方向,项目设计不表示 5. 附加纱窗应以文字说明,在平、立、剖面图中均不表示 6. 立面形式应按实际情况绘制
2	上悬窗	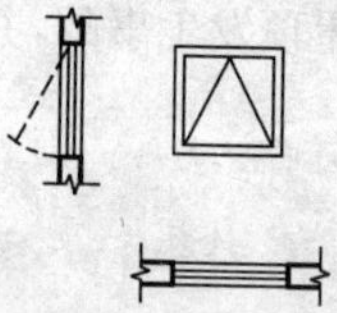	
	中悬窗	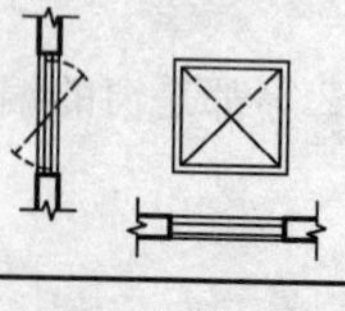	

第七章 门窗施工图识读

(续一)

序号	名　称	图　例	备　注
3	下悬窗	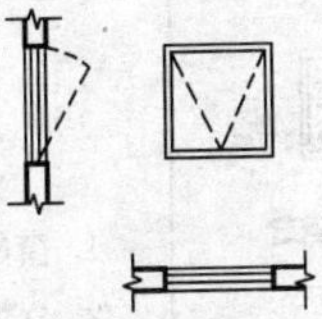	
4	立转窗	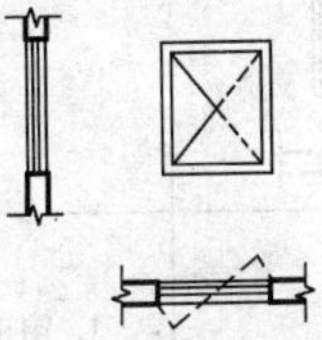	
5	内开平开内倾窗	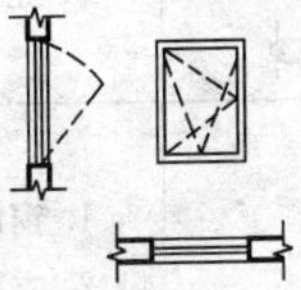	1. 窗的名称代号用 C 表示 2. 平面图中，下为外，上为内 3. 立面图中，开启线实线为外开，虚线为内开。开启线交角的一侧为安装合页一侧。开启线在建筑立面图中可不表示，在门窗立面大样图中需绘出 4. 剖面图中，左为外，右为内，虚线仅表示开启方向，项目设计不表示 5. 附加纱窗应以文字说明，在平、立、剖面图中均不表示 6. 立面形式应按实际情况绘制
6	单层外开平开窗	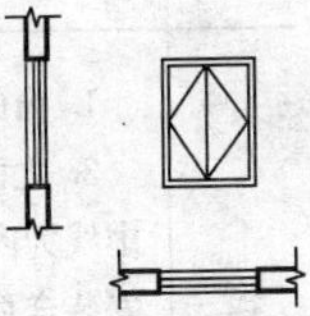	
	单层内开平开窗	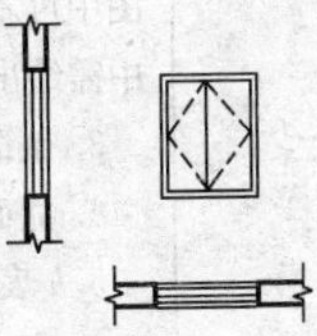	
	双层内外开平开窗	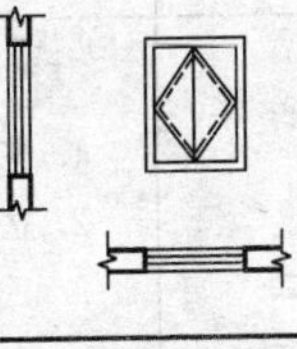	

(续二)

序号	名称	图例	备注
7	单层推拉窗	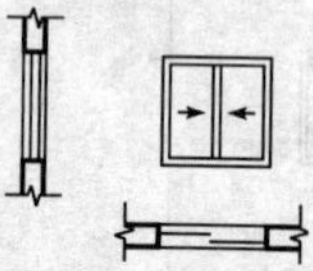	1. 窗的名称代号用 C 表示 2. 立面形式应按实际情况绘制
	双层推拉窗	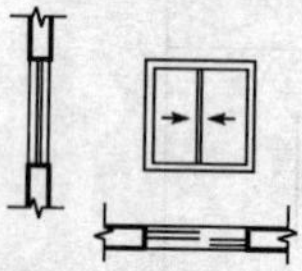	
8	上推窗	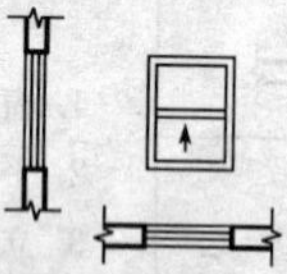	1. 窗的名称代号用 C 表示 2. 立面形式应按实际情况绘制
9	百叶窗	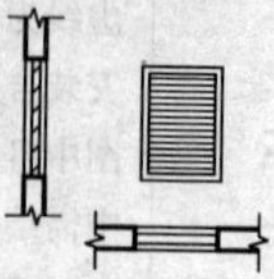	1. 窗的名称代号用 C 表示 2. 立面形式应按实际情况绘制
10	高窗	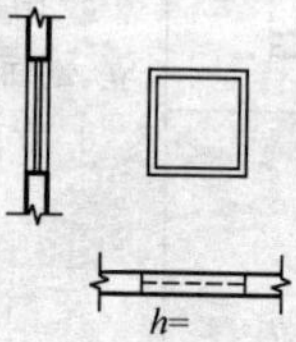 $h=$	1. 窗的名称代号用 C 表示 2. 立面图中,开启线实线为外开,虚线为内开。开启线交角的一侧为安装合页一侧。开启线在建筑立面图中可不表示,在门窗立面大样图中需绘出 3. 剖面图中,左为外,右为内 4. 立面形式应按实际情况绘制 5. h 表示高窗底距本层地面高度 6. 高窗开启方式参考其他窗型
11	平推窗	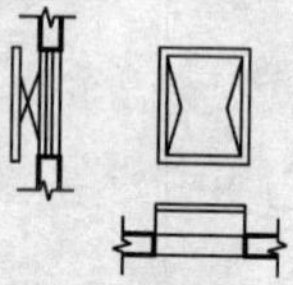	1. 窗的名称代号用 C 表示 2. 立面形式应按实际情况绘制

三、窗的构造

窗一般由窗框、窗扇和五金零件三部分组成,如图 7-30 所示。当建筑的室内装饰标准较高时,窗洞口周围可增设贴脸、筒子板、压条、窗台板及窗帘盒等附件,如图 7-31 所示。

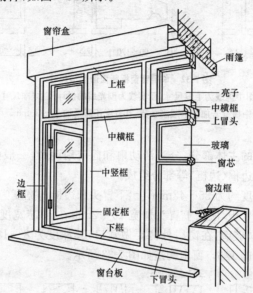

图 7-30 木窗的组成

1. 窗框

窗框又称窗樘,窗框由挺、上冒头、下冒头等组成,有上窗时,要设中贯横挡。

木窗窗框的断面形状与尺寸主要由窗扇的层数、窗扇厚度、开启方式、窗洞口尺寸及当地风力大小来确定,一般多为经验尺寸,可根据具体情况进行确定。

单层窗窗框的断面尺寸约为

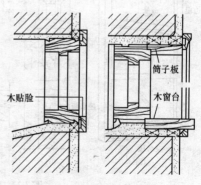

图 7-31 窗的装饰构件

60mm×80mm,双层窗窗框的尺寸约为100～120mm,裁口宽度应稍大于窗扇厚度,深度应为10～12mm。常见单层窗窗框的断面形状及尺寸如图7-32所示。

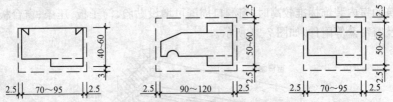

图7-32 单层窗窗框断面形状与尺寸

注:图中虚线为毛料尺寸,粗实线为刨光后的设计尺寸(净尺寸),中横框若加披水或滴水槽,其宽度还需增加20～30mm。

2. 窗扇

窗扇是窗的主体部分,分为活动扇和固定扇两种,一般由上冒头、下冒头、窗棂子、边框(边梃)等部分组成。

窗扇的厚度约为35～42mm,上、下冒头和边梃的宽度为50～60mm,下冒头若加披水板,应比上冒头加宽10～25mm。窗芯宽度一般为27～40mm。为镶嵌玻璃,在窗扇外侧要做裁口,其深度为8～12mm,但不应超过窗扇厚度的1/3。窗扇构造如图7-33所示。

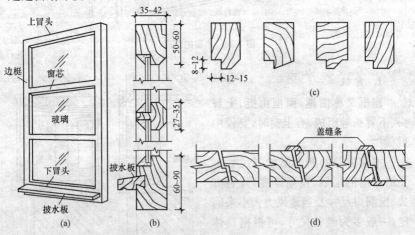

图7-33 窗扇的构造

(a)窗扇立面;(b)窗扇剖面;(c)线脚示例;(d)盖缝处理

第七章　门窗施工图识读

为了准确地表达窗扇的开启方式,常采用开启线来表示,如图7-34所示。

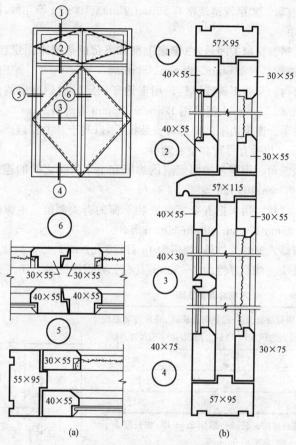

图 7-34　窗的组成与开启线

识读分析:在图7-34中,开启线为人站在窗的外侧看窗,细实线为窗扇向外开启,细虚线则为窗扇向内开启,线条的交点侧为合页的安装方向。

3. 五金零件

窗的五金零件有铰链、插销、窗钩、拉手、铁三角、木螺丝、窗纱、玻璃等。

(1) 铰链。俗称合页,是窗扇和窗框的连接零件,窗扇可绕铰链轴转动。铰链分固定铰链和抽心铰链两种。抽心铰链装卸窗扇方便,便于维修和擦洗玻璃。常用铰链规格有 50mm、75mm、100mm 等几种,按窗扇的大小来选用。

(2) 插销。窗扇关闭后,由窗扇上部和下部的插销来固定在窗框上。常用的插销规格有 100mm、125mm、150mm。

(3) 窗钩。又叫挺钩或风钩。用窗钩来固定开启后窗扇的位置。小窗可用 50mm、75mm,大窗可用 125mm、150mm 等规格。

(4) 拉手。窗扇边框的中部可安装拉手,以利于开关窗扇。其长度一般为 75mm。拉手有弓背和空心两种。

(5) 铁三角。用它来加固窗扇的边梃和上下冒头之间的连接。常用的规格有 75mm、100mm 等。

(6) 木螺丝。用来把五金零件安装于窗的有关部位。木螺丝的规格有 20mm、25mm、30mm、40mm、50mm 等。

(7) 窗纱。窗纱为铁纱,规格为 16 目(16 孔/cm^2)。

(8) 玻璃。玻璃厚度为 2~5mm,其有关数据详见表 7-10。

表 7-10 木窗玻璃参考表

玻璃厚度/mm	开扇每块玻璃的最大面积/m^2	固定扇每块玻璃最大面积/m^2	每块玻璃最长边尺寸/mm
2	0.35	0.45	900
3	0.55	0.70	1200
5	>0.55	>0.70	>1200

注:其他材质的窗玻璃一般用 3mm 厚,如长度大于 1.2m 时,宜采用 5mm 厚。

4. 窗的装饰构件

(1) 压缝条:压缝条是 10~15mm 见方的小木条,用于填补窗安装于墙中产生的缝隙,以保证室内的正常温度,如图 7-35 所示。

(2) 贴脸板:用来遮挡靠墙里皮安装窗扇产生的缝隙,其形状及安装方法如图 7-36 所示。

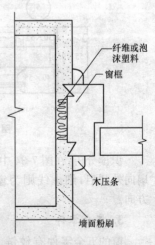

图 7-35 压缝条

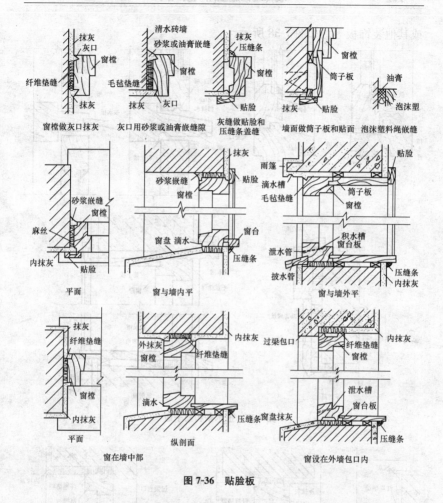

图 7-36 贴脸板

(3)披水条：披水条又称挡水条或披水板,其作用是防止雨水流入室内。内开窗一般设置在窗下口,而外开窗则设置在窗上口。披水条形状及安装方法如图 7-37 所示。

(4)筒子板：在门窗洞口的外侧墙面,用木板包钉镶嵌,称为筒子板。其形状如图 7-37 所示。

(5)窗台板：在窗下槛内侧设窗台板,窗台板板厚一般为 30～40mm,挑出墙面一般为 30～40mm。窗台板可以采用木板、水磨石板、大理石板或其他装饰板等。如图 7-38 所示。

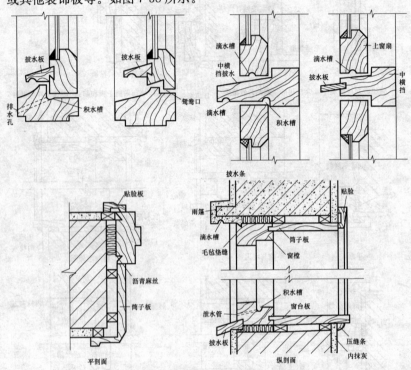

图 7-37 披水条和筒子板

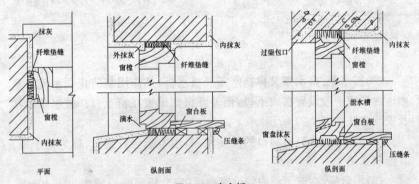

图 7-38 窗台板

第七章 门窗施工图识读

(6)窗帘盒：悬挂窗帘时，为掩蔽窗帘棍和窗帘上部的栓环而设。窗帘盒三面均用25mm×(100～150)mm木板镶成。窗帘棍有木、铜、铁等材料。一般用角钢或钢板伸入墙内，如图7-39所示。

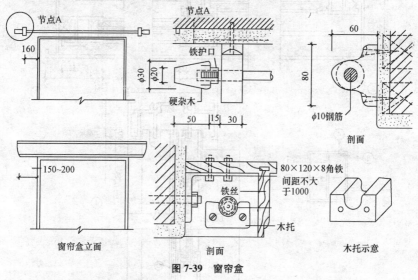

图7-39 窗帘盒

四、常见窗施工图识读

1. 铝合金窗

铝合金窗是现在常用的一种，其强度大、重量轻、耐腐蚀，不仅美观、耐久，而且密封性能好。

铝合金窗的开启方式常用推拉式也可用平开，窗扇在窗框的轨道上滑动开启。窗扇与窗框之间用尼龙密封条进行密封，并可以避免金属材料之间相互摩擦。玻璃卡在铝合金窗框料的凹槽内，并用橡胶压条固定，如图7-40所示。

铝合金窗一般采用塞口的方法安装，固定时，窗框与墙体之间采用预埋铁件、燕尾铁脚、膨胀螺栓、射钉固定等方式连接，如图7-41所示。为了便于铝合金窗的安装，一般先在窗框外侧用螺钉固定钢质锚固件，安装时与洞口四周墙中的预埋铁件焊接或锚固在一起，玻璃端部不能直接落在金属面上，需用3mm厚的氯丁橡胶块将其垫起。玻璃应嵌固在铝合金窗料中的凹槽内，并加密封条。

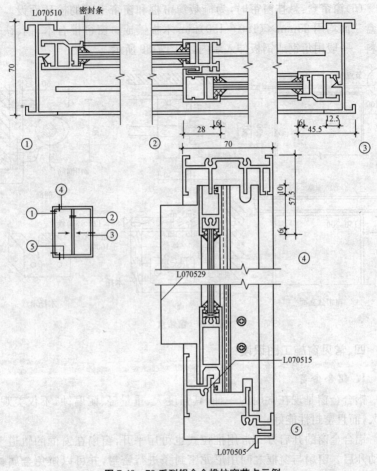

图 7-40 70 系列铝合金推拉窗节点示例

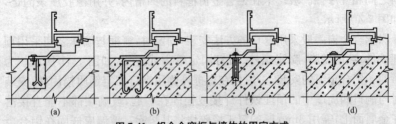

图 7-41 铝合金窗框与墙体的固定方式
(a)燕尾铁脚；(b)预埋铁件；(c)金属膨胀螺栓；(d)射钉

2. 塑钢窗

塑钢窗是以 PVC 为主要原料制成空腹多腔异型材,中间设置薄壁加强型钢(简称加强筋),经加热焊接而成的一种新型窗。它具有导热系数低、耐弱酸碱、无需油漆,并有良好的气密性、水密性、隔声性等优点,是国家重点推荐的新型节能产品,目前已在建筑中被广泛推广采用,其构造如图 7-42 所示。

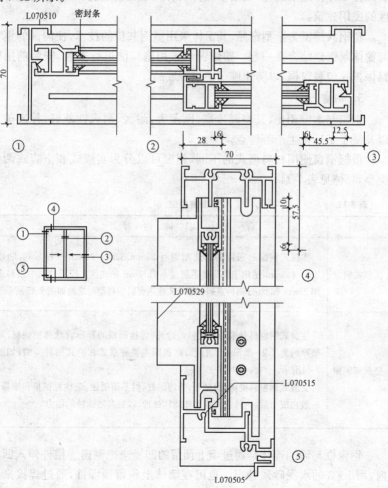

图 7-42　塑钢窗构造图

塑钢窗的开启方式同其他材料窗相同,主要有平开窗、推拉窗、射窗和翻转平窗等类型。塑钢窗按其使用性能分为"一般型"和"全防腐型"两大类。"一般型"塑钢窗所选用的五金件,主要是金属制品,适用于一般工业与民用建筑;"全防腐型"塑钢窗,除紧固件特制外,所有配套的"五金件"均为优质工程塑料制品,适用于有氯气、氯化氢、硫化氢、二氧化硫等腐蚀性气体作用下的化工、冶金、造纸、纺织等工业建筑,以及沿海盐雾地区的民用建筑。

塑钢共挤窗为新型产品,其窗体采用塑钢共挤的技术,使内部的钢管与窗体紧密地结合在一起。塑钢窗多采用塞口法进行安装,安装前用塑料保护膜包裹窗框,以防止施工中损害成品。

3. 钢窗

钢窗与木窗相比,具有强度高、刚度大、耐久、耐火性能好,外表美观以及便于工厂化生产等特点。

根据钢窗使用材料型式的不同,钢窗可以分为实腹式和空腹式两种类型,具体见表 7-11。

表 7-11　　　　　　　　　　　钢窗类型

类型	具 体 内 容
实腹式钢窗	实腹式钢窗料采用的热轧型钢有 25mm、32mm、40mm 三种系列,肋厚 2.5~4.5mm,适用于风荷载不超过 $0.7kN/m^2$ 的地区。民用建筑中窗料多用 25mm 和 32mm 两种系列。部分实腹钢窗料的料型与规格如图 7-43 所示
空腹式钢窗	空腹式钢窗料是采用低碳钢经冷轧、焊接而成的异形管状薄壁钢材,其壁厚约为 1.2~2.5mm。目前,在我国主要有京式和沪式两种类型,如图 7-44 所示。 空腹式钢窗料壁薄,重量轻,节约钢材,但不耐锈蚀,应注意保护和维修。一般在成型后,内外表面均需作防锈处理,以提高防锈蚀的能力

钢窗框与墙的连接是通过墙上预留的凹槽来把钢窗连接件伸入凹槽内,用 1:3 的水泥砂浆卧牢。也可在墙体上预留预埋件,通过焊接来把钢窗框焊接在预埋件上,如图 7-45 所示。

第七章 门窗施工图识读

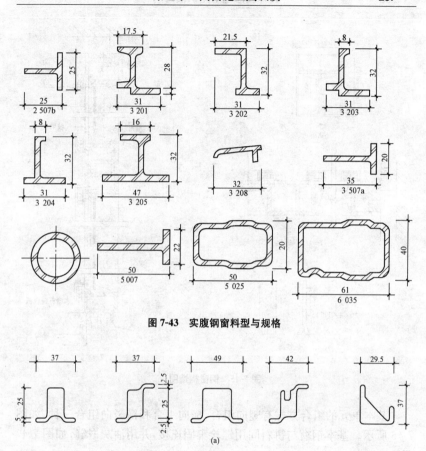

图 7-43 实腹钢窗料型与规格

图 7-44 空腹钢窗料型与规格
(a)沪式；(b)京式

钢窗洞口尺寸不大时，可采用基本钢窗，直接安装在洞口中。较大的窗洞口则需用标准的基本单元和拼料拼接而成，拼料支承着整个窗，以保证钢门窗的刚度和稳定性。

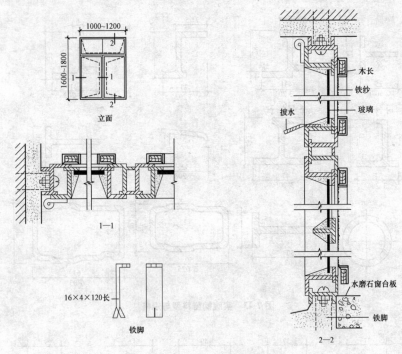

图 7-45 钢窗构造图

基本单元的组合方式有竖向组合、横向组合和横竖向组合三种,如图 7-46 所示。基本钢窗与拼料间用螺栓牢固连接,并用油灰嵌缝,如图 7-47 所示。

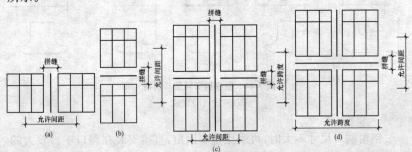

图 7-46 钢窗的组合方式

第七章 门窗施工图识读

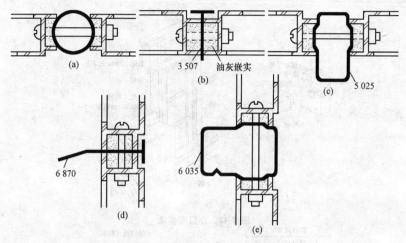

图 7-47 基本钢窗与拼料的连接

五、窗的安装

窗的安装,包括窗框与墙安装和窗扇与窗框安装两部分。

1. 窗框与墙安装

立口与塞口是窗框与墙安装的两种方法。

(1)立口的安装。立口的安装是先立窗框,然后砌墙体。为了使窗框与墙连接牢固,应在窗框的上槛和下槛各伸出 120mm 左右的端头,俗称"羊角头"。这种连接的优点是结合紧密,缺点是影响墙体的砌筑速度。如图 7-48 所示。

(2)塞口的安装。塞口的安装是先砌墙,在砌筑墙体时,预留窗洞口,同时预埋木砖,在墙体施工完毕后,再将窗框与预埋木砖固定。同时,为保证窗框与墙洞之间的严密,其缝隙应该用沥青浸透的麻丝或毛毡塞严。木砖的尺寸为 120mm×120mm×60mm,木砖的表面应进行防腐处理。防腐处理有两种方法。一种方法是刷煤焦油,另一种方法是表面刷氟化钠溶液。施工时常在氟化钠溶液中增加少量氧化铁红(俗称"红土子"),用来辨认木砖是否进行过防腐处理。木砖沿窗高每 600mm 预埋一块,但不论窗高尺寸大小,每侧至少预埋两块;超出 1200mm 时,再按 600mm 递增,如图 7-49 所示。采用塞口安装时预留洞口的高、宽尺寸应比窗框尺寸大 10~20mm。

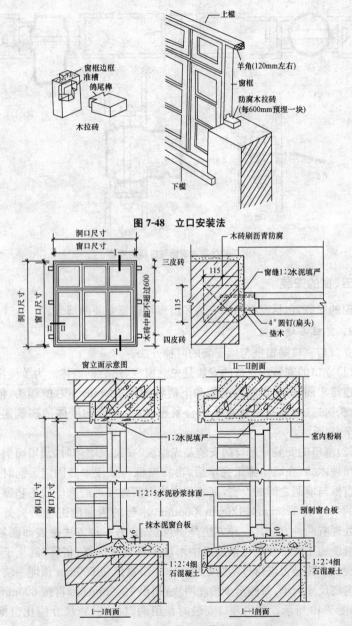

图 7-48 立口安装法

图 7-49 塞口安装法

2. 窗扇与窗框安装

窗框在墙上的位置，一般是居墙中或与墙内表面、外表面相平。当与内墙表面相平时，安装时框应突出砖面 20mm，以便墙面粉刷后与抹灰面平。框与抹灰面交接处，应用贴脸搭盖，以阻止由于抹灰干缩形成缝隙后风透入室内。

当窗框立于墙中时，应内设窗台板，外设窗台。窗框外平时，靠室内一面设窗台板。窗台板可用木板，也可用预制水磨石板或其他装饰板等，窗框在墙中的位置如图 7-50 所示。

窗扇的安装则是通过铰链（俗称"合页"）和木螺丝把窗扇与窗框连接起来的。

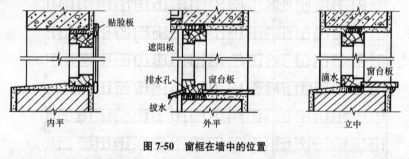

图 7-50 窗框在墙中的位置

第三节 典型门窗构造图识读

一、铝合金门窗

1. 铝合金门窗构造

铝合金门窗的构造与一般钢、木门窗的构造差异很大，钢、木门窗框料的组装以榫接和焊接相连，扇与框以裁口相搭接，铝合金门窗的构造特征如图 7-51 所示。门窗的附件有导向轮、门轴、密封条、密封垫、橡胶密封条、开闭锁、五金配件、拉手、把手等。铝合金门扇均不采用合页连接。

2. 铝合金门窗组装

铝合金门窗框料的组装则是利用转角件、插接件、紧固件组装成扇和框，扇与框以其断面的特殊造型嵌以密封条相搭接或对接。为了便于铝合金窗的安装,常现在窗框外侧用螺钉固定好钢质锚固件,安装时将其在四墙中的预埋件焊牢或锚固住。

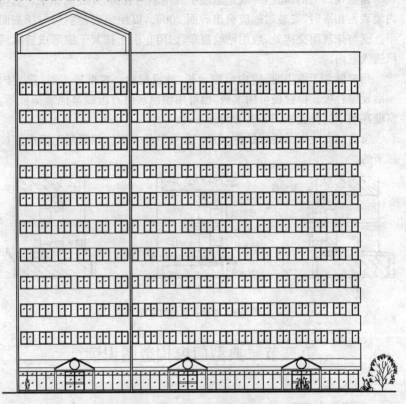

图 7-51 某建筑物正立面上组装好的铝合金门窗

门窗框、扇的四角组装均采用直角插榫结合,将横料插入竖料连接。将竖料两端铣出槽榫,上下横料两端插入竖料榫槽,用合成树脂临时固定,在槽内空腔先放 L 形铝合金角板,一端用螺钉与竖料紧固,插入上下横料后再用螺钉直接旋入角板和内腔钉孔固定(内部钉孔是挤压型材时制出的,螺钉均采用不锈钢制品)。采用 45°斜角对接时,门窗扇四角用倒刺插接件将立料与横料固定紧,从上下横料外部用螺钉与内腔孔座拧紧(外观是见不到螺钉帽的)。

3. 铝合金门窗安装

铝合金门窗框与洞口的连接是采用柔性连接，门窗框的外侧用螺钉固定着不锈钢锚板，当外框与洞口安装时，经校正定位后锚板即与墙体埋件焊牢使窗固定，或用射钉将锚板钉入墙体。安装玻璃时，将玻璃嵌固在铝合金窗料中的凹槽内，内外两侧的间隙不应小于2mm，否则密封较为困难。同时不应大于5mm，否则胶条起不到挤紧固定的作用，玻璃端部不能直接落在金属面上，需要用3mm厚的铝锭橡胶块将其垫起。矿的外侧与墙体的缝隙内填沥青麻丝，外抹水泥砂浆填缝，表面用密封膏嵌缝构造做法如图7-52所示。

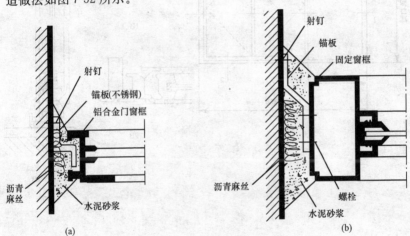

图7-52　铝合金门窗安装图
(a)门窗框安装；(b)固定扇框

二、彩板钢门窗

1. 彩板钢门窗构造

彩板钢门窗的开启方式有平开、固定、中悬、推拉及组合方式等，设计时按产品样本选用。彩板钢窗细部构造如图7-53所示；彩板钢门细部构造如图7-54所示。

2. 带副框门窗安装

带副框门窗的安装做法详见图7-55。

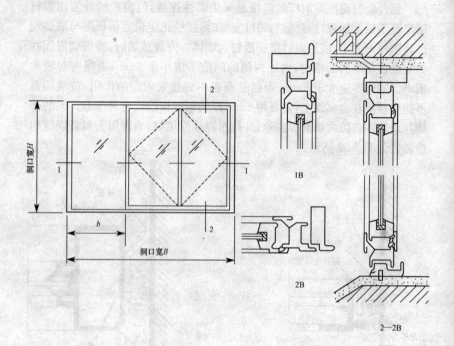
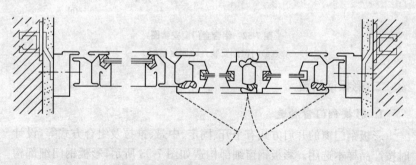

图 7-53 彩板钢窗细部构造图

第七章 门窗施工图识读

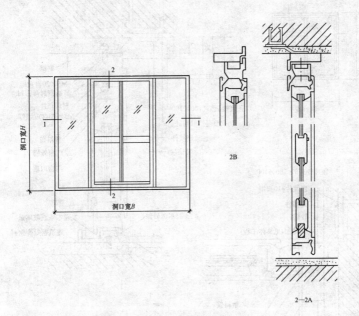

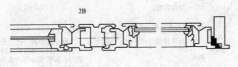

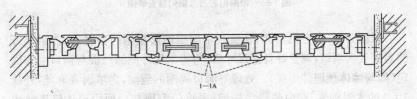

图 7-54 彩板钢门细部构造图

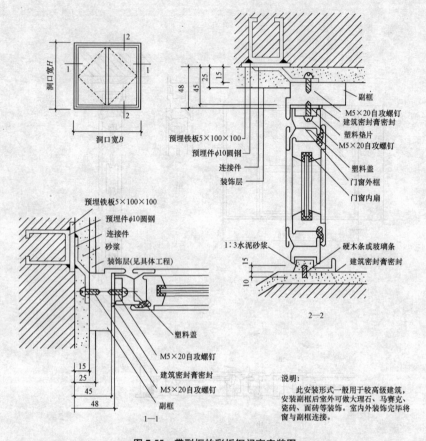

图 7-55　带副框的彩板钢门窗安装图

识读分析： 参考图 7-55，在安装带副框的彩板钢门窗时，先将组装好的副框放入洞口，调整好各部尺寸后，再将副框外侧的锚板与洞口墙体固定（即与墙体预埋件焊接）。处理好洞口周围的缝隙，内填沥青麻丝，外抹 1∶2 的水泥砂浆，室内装修完毕后，再将门窗框与副框用拉铆钉连接固定，各处缝隙均用密封胶（膏）密封。

3. 不带副框门窗的安装

不带副框门窗的安装做法详见图 7-56。

第七章　门窗施工图识读

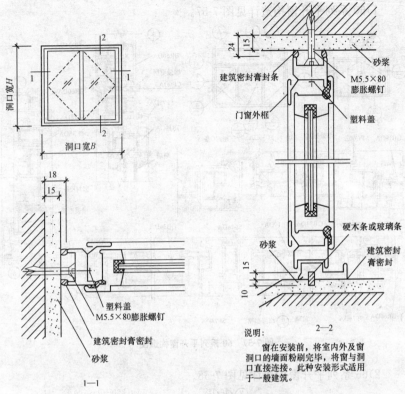

图 7-56　不带副框的彩板钢门窗安装图

识读分析：参考图 7-56 进行分析。在安装不带副框的彩板钢门窗时，门窗安装需室内外装修完成干燥后方可进行，将门窗放入洞口中，调整好平整度，用膨胀螺栓将门窗外侧的锚板与墙体固定，然后用密封膏填缝。

三、塑料门窗

1. 常用塑料门窗构造

(1) 平开窗。塑料平开窗的安装，铰链安装在窗扇的一侧，与窗框相连。有单扇、双扇、多扇以及向内开与向外开之分。平开窗构造相对简单，维修方便。常用平开窗有 60 系列和 66 系列。

1) 60系列平开窗构造详见图7-57。

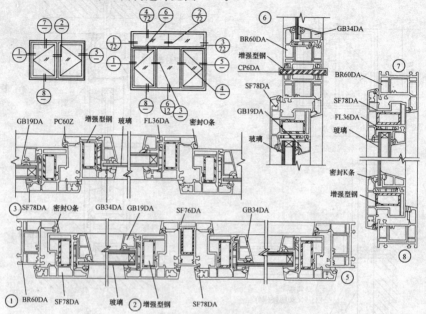

图7-57 60系列平开窗构造图

2) 66系列平开窗构造详见图7-58。

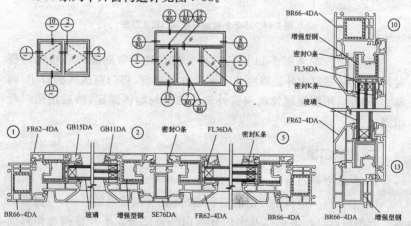

图7-58 66系列平开窗构造图

(2)推拉窗。塑料推拉窗外形美观,采光面积大,开启不占空间,防水及隔声均佳,并具有很好的气密性和水密性,广泛用于住宅、宾馆、办公楼、医疗建筑中。推拉窗可采用拼料组合成其他形式的窗式门连窗,还可以装配成各种形式的纱窗。推拉窗在下框式中横框应设置有排水孔,使雨水能及时排出。排水孔示意图如图7-59所示。

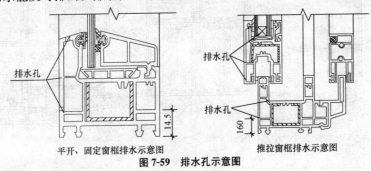

图7-59 排水孔示意图

推拉窗常采用的系列有62、77、80、85、88和95等多个系列,可根据使用要求来进行选择。88系列推拉窗如图7-60所示。

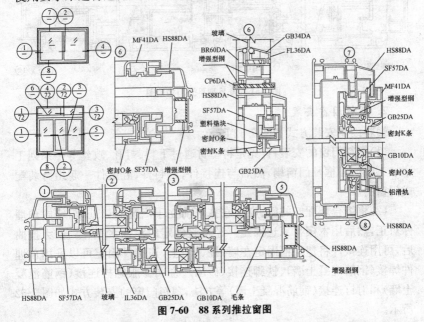

图7-60 88系列推拉窗图

(3)平开门。常用的平开塑料门有60系列或66系列,图7-61所示为60系列平开门构造图。

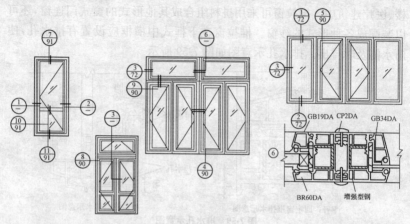

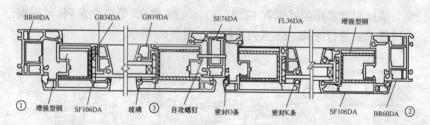

图7-61　60系列平开门构造图

2. 塑料门窗安装

塑料门窗安装方式如图7-62所示。

(1)塑料门窗的安装,首先是将型材通过下料、打孔、攻丝等一系列工序加工成门窗框及门窗扇,然后与连接件、密封件、五金件一起组合装配成门窗的。

(2)将组合装配好的门、窗框在抹灰前立于门窗洞口处,与墙内预埋件对正,然后用木楔将三边固定。经检验确定门窗框水平、垂直、无挠曲后,可用连接件将塑料框固定在墙(柱、梁)上,连接件固定可以采用预埋件焊接(钢筋混凝土墙)、铁脚连接(砖墙)、金属膨胀螺栓连接(钢筋混凝土墙)和射钉连接(钢筋混凝土墙)等方法,塑料门窗的安装方式如图7-62所示。

第七章 门窗施工图识读

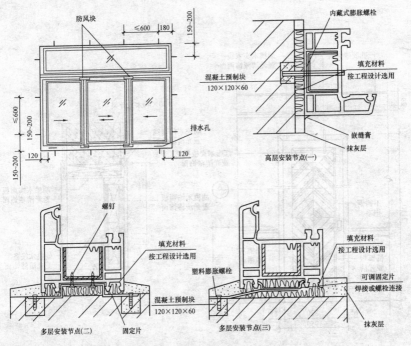

图 7-62 塑料门窗安装方式图

(3)门窗框固定好后,门窗洞口四周的缝隙,一般采用软质保温材料填塞,分层填实,填塞不宜过紧。为了防止门、窗框四周形成冷热交换区产生结露,影响建筑物的隔声、保温功能,外表留 5～8mm 深的槽口用密封胶(膏)密封。

第四节 装饰门窗详图识读

一、门窗装饰构造详图

在装饰设计中门、窗一般要进行重新装修或改建,因此,门、窗构造详图是必不可少的图示内容。其表现方法包括表示门、窗整体的立面图和表示具体材料、结构的节点断面图,如图 7-63 所示为门的装饰详图。

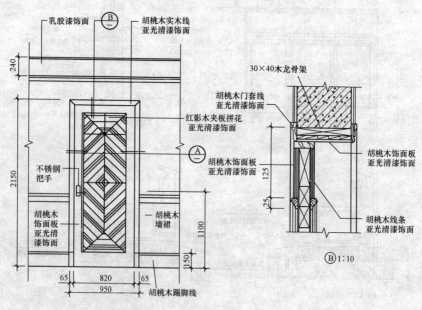

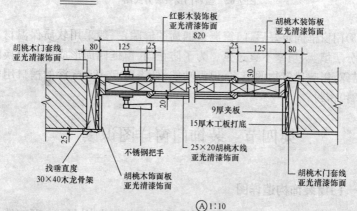

图 7-63 装饰门及门套详图

二、装饰门详图识读

门详图通常由立面图、节点剖面详图及技术说明等组成。一般门、窗多是标准构件，有标准图供套用，不必另画详图。由于有一定要求的装饰门不是定型设计，故需要另画详图。现以图 7-64 所示的装饰门详图为例，了解详图的表达方法和识读方法。

1. 立面图识读

门立面图规定画它的外立面，并用细斜线画出门扇的开启方向线。两斜线的交点表示装门铰链的一侧，斜线为实线表示向外开，斜线为虚线表示向内开。门立面图上的尺寸一般应注出洞口尺寸和门框外沿尺寸。

识读分析：从图 7-64 可以看出图门框上槛包在门套之内，因而只注出洞口尺寸、门套尺寸和门立面总尺寸。

2. 节点剖面详图识读

门详图都画有不同部位的局部剖面节点详图，以表示门框和门扇的断面形状、尺寸、材料及其相互间的构造关系，还表示门框和四周的构造关系。

识读分析：从图 7-64 中可以看出竖向和横向都有两个剖面详图。其中门上槛 55mm×125mm、斜面压条 15mm×35mm、边框 52mm×120mm，都是表示它们的矩形断面外围尺寸。门芯是 5mm 厚磨砂玻璃，门洞口两侧墙面和过梁底面用木龙骨和中纤板、胶合板等材料包钉。A 剖面详图右上角的索引符号表明，还有比该详图比例更大的剖面图表示门套装饰的详细做法。

3. 看门套详图

门套详图通过多层构造引出线，表明了门套的材料组成、分层做法、饰面处理及施工要求。

门套的收口方式是：阳角用线脚⑨包边，侧沿用线脚⑩压边，中纤板的断面用 3mm 厚水曲柳胶合板镶平。

4. 看线脚大样与技术说明

线脚大样比例为 1∶1，是足尺图。说明中明确了上下冒头和边梃的用料和饰面处理。

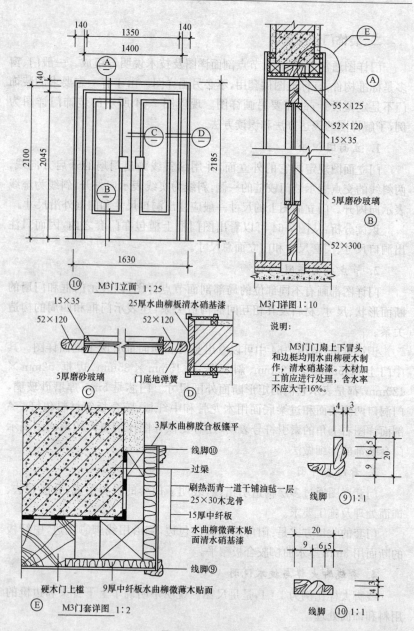

图 7-64　M3 门详图

三、门窗图样识读

1. 木制门窗图样识读

建筑木制门窗是建筑构件的一种,在住宅的装饰装修中广泛地使用,其造型很多,图 7-65 所示为木窗详图。

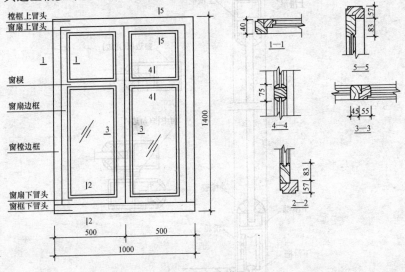

图 7-65 木窗详图

识读分析:从图 7-65 可以看出以下内容。

(1)此木窗是一樘平开的木制窗(每一个安装在一起的窗扇、窗框称为一樘),是由窗框和对开的两个窗扇所组成的。

(2)从 1—1、2—2 和 5—5 的局部详图上看,樘框的断面形状是在方形的截面上裁制出一个"L"形的缺口中,以便安装窗扇,同时在樘框的背面两侧也裁制出较小的凹下去的小角线槽,以便保证樘框在墙体内比较容易固定。

(3)图中能够显示出窗扇由边框、窗板和上、下冒头组成,但是从 1—1 和 3—3 的局部详图上看,窗扇的边框有两种断面形式。

(4)窗扇的上、下冒头断面形状可见 2—2 和 5—5 局部详图的内侧,截面形式与窗扇外边框截面形状基本相同。

2. 金属门窗图样识读

金属门窗一般用各种金属型材制成,因此金属门窗除了绘制窗户的造型图样以外,只要绘制出节点的局部详图就可施工。图 7-66 所示为铝合金窗的节点详图。

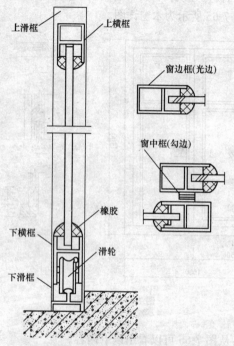

图 7-66 铝合金窗的节点详图

识读分析:从图 7-66 可以看出以下内容。

(1)这是铝合金窗图样的一个剖面图,只能够看到窗扇的上横框和下横框的断面,上横框和下横框之间夹装玻璃后用橡胶条固定,下横框的下部端面装有滑轮。

(2)窗扇组装之后安装在窗框的上下滑框之间。

(3)从局部详图上看,两个窗扇内侧的边框采用中框,而窗扇的外侧边框则采用边框,把玻璃夹装进去后用橡胶条密封即可。

第八章 楼梯装修施工图识读

第一节 楼梯概述

一、楼梯的组成

楼梯一般是由楼梯段、楼梯平台、楼梯栏板或楼梯栏杆三部分组成的。楼梯段是由梯梁(斜梁)、梯板等构件组成的。平台由平台梁、平台板等组成。栏板或栏杆由栏板或栏杆、扶手等组成,如图8-1所示。

1. 楼梯段

楼梯段是用于连接上下两个平台之间的倾斜承重构件,它是由若干个踏步组成的。每个楼梯段的踏步数为了保证安全应不小于3步,为了防止疲劳应不超过18步,公共建筑中的装饰性弧形楼梯可略超过18级。

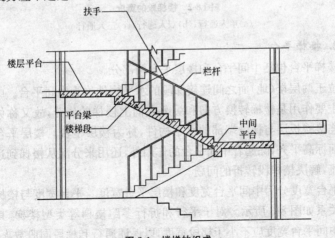

图 8-1 楼梯的组成

梯段尺度分为梯段宽度和梯段长度。梯段宽度应根据紧急疏散时要求通过的人流股数的多少确定。作为主要通行用的楼梯,楼梯段宽度应至少满足两个人相对通行。计算通行量时,每股人流应按 0.55m+(0~0.15)m 计算,其中 0~0.15m 为人在行进中的摆幅。非主要通行的楼梯,应满足单人携带物品通过的需要。此时,梯段的净宽一般不应小于 900mm,如图 8-2 所示。住宅套内楼梯的梯段净宽应满足以下规定:当梯段一边临空时,不应小于 0.75m;当梯段两侧有墙时,不应小于 0.9m。梯段长度 L 则是每一梯段水平投影长度,其值为 $L=b\times(N-1)$,其中 b 为踏面水平投影步宽,N 为梯段踏步数。

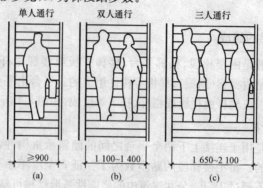

图 8-2 楼梯段的宽度
(a)单人通行;(b)双人通行;(c)三人通行

2. 楼梯平台

楼梯平台包括中间平台和楼层平台两部分。

位于两层楼(地)面之间连接梯段的水平构件称为中间平台。中间平台的主要作用是楼梯转换方向和缓解人们上楼梯的疲劳,故又称休息平台。连接楼板层与梯段端部的水平构件,称为楼层平台。楼层平台与楼层地面标高平齐,除起着中间平台的作用外,还用来分配从楼梯到达各层的人流,解决楼梯段转折的问题。

平台宽度分为中间平台宽度和楼层平台宽度。平台宽度与楼梯段宽度的关系如图 8-3 所示。对于平行和折行多跑楼梯等类型楼梯,其转向后的中间平台宽度应不小于梯段宽度,以保证通行和梯段同股数人流,同时,应便于家具搬运,医院建筑还应保证担架在平台处能转向通行,其中间平台宽度应不小于 1800mm。对于直行多跑楼梯,其中间平台宽度等于梯段宽,或者不小于1000mm。对于楼层平台宽度,则应比中间平台更宽松一些,以利于人流分配和停留。

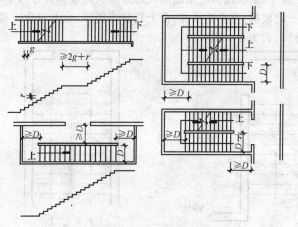

图8-3 楼梯段和平台的尺寸关系

D—梯段净宽度;g—踏面尺寸;r—踢面尺寸

中间休息平台的净宽度不小于梯段净宽,并不得小于1.10m。楼梯平台结构下缘至人行过道的垂直高度不应低于2m。

3. 栏杆(板)扶手

栏杆是布置在楼梯梯段和平台边缘处有一定刚度和安全度的维护构件。扶手附设与栏杆顶部,供其依扶用。

二、楼梯分类

建筑中楼梯的形式多种多样,应当根据建筑及使用功能的不同进行选择。

1. 按照楼梯的位置分

按照楼梯的位置,有室内楼梯和室外楼梯之分;按照楼梯的材料,可以分为钢筋混凝土楼梯、钢楼梯、木楼梯及组合材料楼梯。

2. 按照楼梯的使用性质分

按照楼梯的使用性质,可以分成主要楼梯、辅助楼梯、疏散楼梯及消防楼梯。

3. 按楼梯的平面形式分

在工程中,常按楼梯的平面形式进行分类。楼梯可分为单跑楼梯、双跑楼梯、三跑楼梯、直角式楼梯、合上双分式楼梯、分上双合式楼梯等多种形式的楼梯,如图8-4所示。

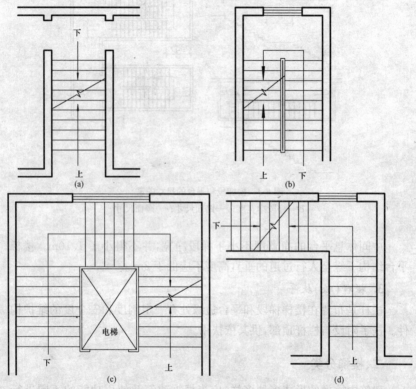

图 8-4 单跑、双跑、三跑、直角式楼梯
(a)单跑楼梯;(b)双跑楼梯;(c)三跑楼梯;(d)直角式楼梯

三、楼梯的设置与尺度

1. 楼梯的设置

楼梯应布置在人流集中的交通枢纽地带,其位置要明显,如门厅或靠近门厅处。当建筑中设置数部楼梯时,其分布应符合建筑内部人流的通行要求。

除个别的高层住宅之外,高层建筑中至少要设两个或两个以上的楼梯。普通公共建筑一般至少要设两个或两个以上的楼梯,如符合表 8-1 的规定,也可以只设一个楼梯。

表 8-1 设置一个疏散楼梯的条件

耐火等级	层　　数	每层最大建筑面积/m²	人　　数
一、二级	二、三层	500	第二、三层人数之和不超过 100 人
三级	二、三层	200	第二、三层人数之和不超过 50 人
四级	二层	200	第二层人数之和不超过 30 人

注:本表不适用于医院、疗养院、托儿所、幼儿园。

设有不少于两个疏散楼梯的一、二级耐火等级的公共建筑,如顶层局部升高时,其高出部分的层数不超过两层,每层建筑面积不超过 200m²,人数之和不超过 50 人时,可设一个楼梯。但应另设一个直通平屋面的安全出口。

2. 楼梯的坡度

楼梯的高度不宜过大或过小。坡度过大,行走易疲劳;坡度过小,楼梯面积会增加,不够经济。

楼梯的坡度可以采用两种方法表示:一种是用楼梯段与水平面的夹角表示;另外一种是用踏步的高宽比表示。普通楼梯的坡度范围一般在 20°～45°,合适的坡度一般为 30°左右,最佳坡度为 26°34′。当坡度小于 20°时采用坡道;当坡度大于 45°时采用爬梯。

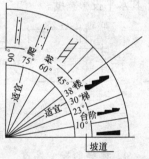

图 8-5　楼梯、爬梯、坡道的坡度

确定楼梯的坡度应根据房屋的使用性质、行走的方便和节约楼梯间的面积等多方面的因素综合考虑。楼梯、爬梯及坡道的坡度范围如图 8-5 所示。对于使用人员情况复杂且使用较频繁的楼梯,其坡度应比较平缓,一般可采用 1∶2 的坡度,反之,坡度可以较大些,一般采用 1∶1.5 左右的坡度。

3. 踏步尺寸

踏步是由踏面和踢面组成的,二者投影长度之比决定了楼梯的坡度。一般认为,踏步的宽度是由人脚的长度决定的,一般为 250～230mm。

踢面的高度取决于踏面的宽度,成人以 150mm 左右较适宜,不应高于 175mm。通常,踏步尺寸按下列经验公式确定:

$$2h+b=600\sim620mm$$

或

$$h+b=450mm$$

式中　h——踏步高度(mm);
　　　b——踏步宽度(mm)。

踏步的尺寸应根据建筑的功能、楼梯的通行量及使用者的情况进行选择,具体规定见表 8-2。

表 8-2　　　　　　　常用适宜踏步尺寸　　　　　　　　　mm

名称	住宅	学校、办公楼	剧院、食堂	医院(病人用)	幼儿园
踏步高	156~175	140~160	120~150	150	120~150
踏步宽	250~300	280~340	300~350	300	260~300

由于踏步的宽度往往受到楼梯间进深的限制,可以在踏步的细部进行适当变化来增加踏面的有效尺寸,如采取加做踏步檐或使踢面倾斜,如图 8-6 所示。踏步檐的挑出尺寸一般为 20~30mm,使踏步的实际宽度大于其水平投影宽度。

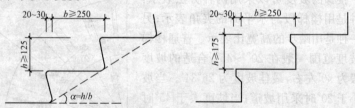

图 8-6　踏步出挑形式

4. 楼梯的净空高度

图 8-7 表示楼梯的净空高度示意图,是指楼梯平台上部和下部过道处的净空高度,以及上下两层楼梯段间的净空高度。

楼梯的净空高度应保证行人能够正常通过,避免在行进中产生压抑感,同时还要考虑搬运家具设备的方便。

(1)楼梯段上的净空高度。楼梯段上的净空高度指踏步前缘到上部结构底面之间的垂直距离,应不小于 2.2m。确定楼梯段上的净空高度

第八章 楼梯装修施工图识读

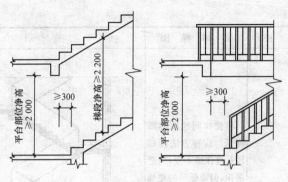

图 8-7 梯段及平台部位的净高要求

时,楼梯段的计算范围应从楼梯段最前和最后踏步前缘分别往外 0.3m 算起。

(2)楼梯间入口处的净空高度。当采用平行双跑楼梯且在底层中间平台下设置供人进出的出入口时,为保证中间平台下的净高,按表 8-3 所列措施加以解决。

表 8-3   底层中间平台下作出入口时的处理方式

序号	方法	具体操作	图示
1	底层长短跑	将底层第一跑楼梯段加长,第二跑楼梯段缩短,变成长短跑楼梯段。这种方法只有楼梯间进深较大时采用,但不能把第一跑楼梯加得过长,以免减少中间平台上部的净高,如右图	①

(续一)

序号	方法	具体操作	图示
2	局部降低地坪	将楼梯间地面标高降低。这种方法楼梯段长度保持不变,构造简单,但降低后的楼梯间地面标高应高于室外地坪标高 100mm 以上,以保证室外雨水不致流入室内,如右图	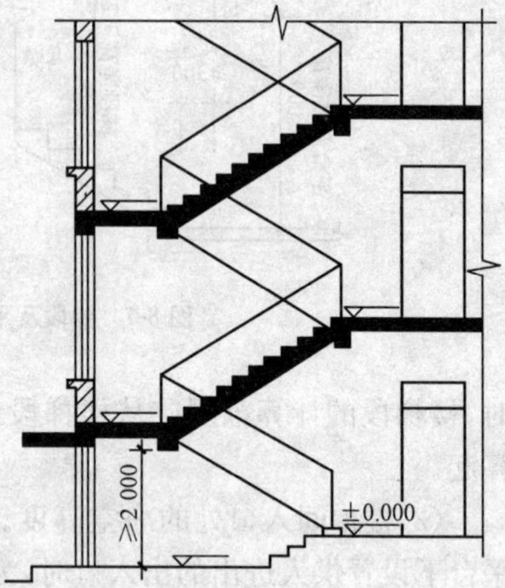 ②
3	底层长短跑并局部降低地坪	将上述两种方法综合采用,可避免前两种方法的缺点,如右图	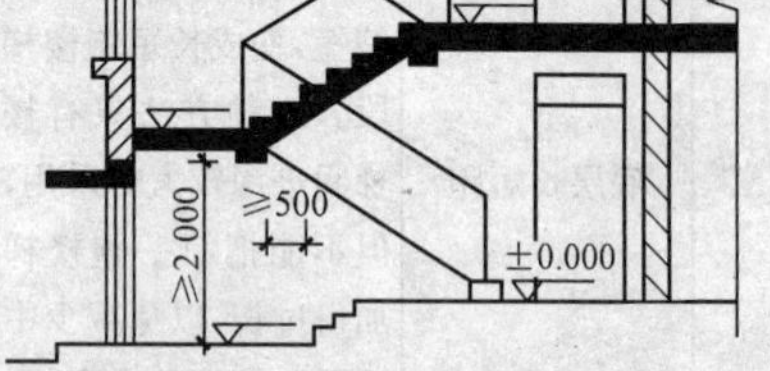 ③

(续二)

序号	方法	具体操作	图示
4	底层直跑	底层采用直跑道楼梯。这种方法常用于南方地区的住宅建筑，此时应注意入口处雨篷底面标高的位置，保证净空高度在 2m 以上，如右图	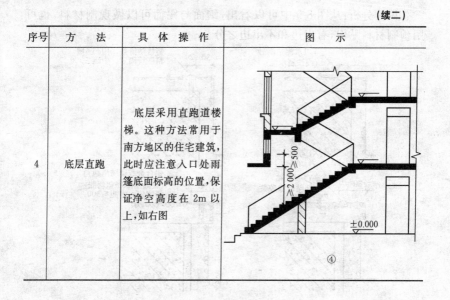

第二节　楼梯细部构造

一、踏步构造做法

踏步是由踏面和踢面组成的。为了不增加梯段长度，扩大踏面的宽，使行走者尽量舒适，常在边缘突出 20mm，或向外倾斜 20mm，形成斜面，如图 8-8 所示。踏步面层应当平整光滑，耐磨性好。通常，凡可以用来做室内地坪面层的材料，均可以用来做踏步面层，常见的踏步面层有水

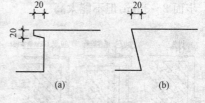

图 8-8　踏步形式

泥砂浆、水磨石、铺地面砖、各种天然石材等，还可以在面层上铺设地毯。面层材料要便于清扫，并应当具有相当的装饰效果。

中型、大型装配式钢筋混凝土楼梯，如果是用钢模板制作的，由于其表面比较平整光滑，为了节省造价，一般直接使用，不再另做面层。

图 8-9 是踏步踏面与踢面的选材及高级做法示例。

识读分析:从图8-9中可以看出,踏面与踢面可以做现制材料,也可用预制材料贴面,有出边和不出边之分。

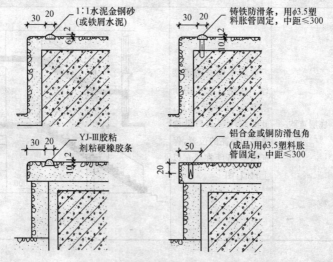

图8-9 踏步面层、防滑条做法

在踏步面层靠外缘50~80mm处设置防滑条的目的在于避免人滑倒,并起到保护阳角的作用。在人流量较大的楼梯中均应设置,其位置应靠近踏步阳角处。防滑材料多种多样,可根据个人爱好选取不同材料,但应注意耐磨、耐用,注意牢固防止脱落,如图8-10所示。防滑条应凸出踏步面2~3mm,但不能太高。

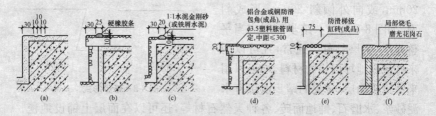

图8-10 踏步防滑构造
(a)水泥砂浆踏步留防滑槽;(b)橡胶防滑条;(c)水泥金刚砂防滑条;
(d)铝合金或铜防滑包角;(e)缸砖面踏步防滑砖;(f)花岗石踏步烧毛防滑条

二、扶手构造做法

(一)扶手的类型

楼梯扶手可用硬木、钢管、水泥砂浆、水磨石等制成,常见扶手的类型如图 8-11 所示。目前还用各种塑料做成扶手,当楼梯宽度超过 1600mm 时,应增设靠墙扶手,如图 8-12 所示。

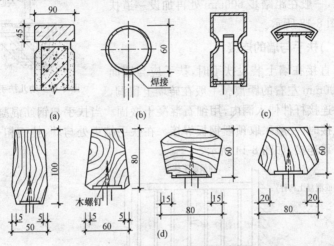

图 8-11 扶手类型
(a)石材扶手;(b)金属管扶手;(c)塑料扶手;(d)木扶手

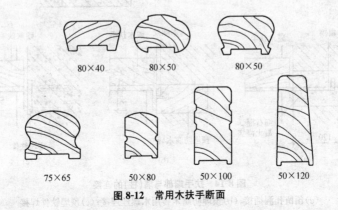

图 8-12 常用木扶手断面

金属扶手通常与栏杆焊接,抹灰类扶手系在栏板上端直接饰面。木及塑料扶手在安装之前应事先在栏杆顶部设置通长的斜倾扁铁,扁铁上预留安装钉孔,然后把扶手安放在扁铁上,并固定好。托儿所、幼儿园等以儿童为主要使用对象的建筑,为了满足成人与儿童共用楼梯的要求,一般在距踏步600mm处再加设一道扶手,如图8-13所示。

(二)扶手与墙的连接

当直接在墙上装设扶手时,扶手应与墙面保持100mm左右的距离。一般在砖墙上留洞,将扶手连接杆件伸入洞内,用细石混凝土嵌固。当扶手与钢筋混凝土墙或柱连接时,一般采取预埋钢板焊接。在扶手结束处与墙、柱面相交,也应有可靠连接,如图8-14所示。

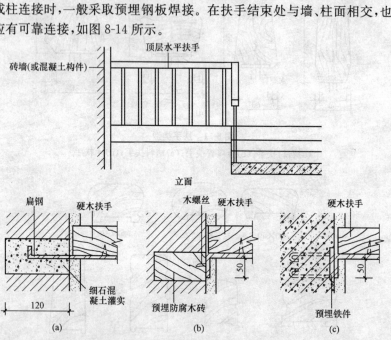

图8-13 幼儿扶手

图8-14 扶手端部与墙(柱)的连接
(a)预留孔洞插接;(b)预埋防腐木砖用木螺丝连接;(c)预埋铁件焊接

沿墙木扶手的安装方法基本同前,因为连接扁钢不是连续的,所以在固定预埋铁件和安装连接件时必须拉通线找准位置,并且不能有松动。常用做法如图 8-15 所示。

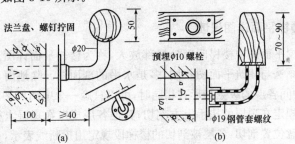

图 8-15　常用木扶手的安装方法
(a)圆木扶手;(b)高木扶手

(三)楼梯转弯处扶手高差的处理

上行和下行梯段的扶手在平台转弯处往往存在高差,应进行调整和处理。当上行和下行梯段在同一位置起止步时,可以把楼梯井处的横向扶手倾斜设置,并连接上下两段扶手,如图 8-16(a)所示。如果把平台处栏杆外伸约 1/2 踏步或将上下梯段错开一个踏步,就可以使扶手顺利连接,如图 8-16(b)、(c)所示。但这种做法栏杆占用平台尺寸较多,楼梯的占用面积也要增加。

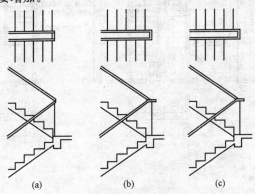

图 8-16　楼梯转弯处扶手高差的处理
(a)设横向倾斜扶手;(b)栏杆外伸;
(c)上下梯段错开一个踏步

第三节 楼梯详图识读

一、楼梯平面详图识读

将房屋平面图中楼梯间部分局部放大,称为楼梯平面详图。楼梯平面详图的画法与建筑平面图相同,多是水平的剖面图。除地面与顶面必画外,若中间各层的级数与形式相同时,可以只画一个中间层平面图。顶层平面图规定在顶层的扶手上方剖切,其他各层规定在每层上行的第一梯段的任意位置剖切,各层被剖切的楼梯段规定用折断线表示,如图8-17所示。

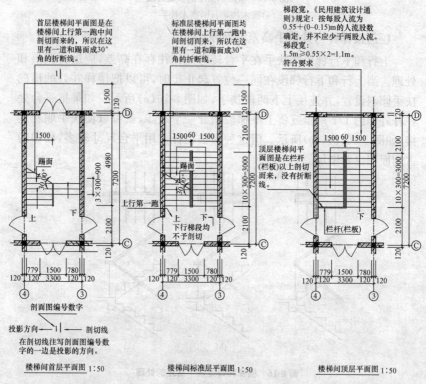

图8-17 楼梯间平面详图

楼梯平面详图的内容包括以下几方面：

(1)楼梯间在建筑中的位置与定位轴线的关系，应与建筑平面图上的一致。

(2)楼梯段、休息平台的平面形式和尺寸，楼梯踏面的宽度和踏步级数，以及栏杆扶手的设置情况。

(3)楼梯间开间、进深情况，以及墙、窗的平面位置和尺寸。

(4)室内外地面、楼面、休息平台的标高。

(5)底层楼梯平面图还应标明剖切位置。

二、楼梯剖面详图识读

假想用一铅垂面，通过各层的一个梯段和门窗洞，将楼梯剖开，向另一未剖到的梯段方向投影，所作的剖面图，即为楼梯剖面图，如图8-18所示。楼梯剖面详图主要用来表示楼梯梯段数、步级数、楼梯的类型与结构形式以及梯段、平台、栏板(或栏杆)等的构造和它们的相互关系等。

楼梯剖面详图的画法按剖面画法的有关规定，但一般不画屋顶和楼面，将屋顶和楼面用折断线省去。

楼梯剖面图常采用1∶50的比例画出。其剖切位置应选择在通过第一跑梯段及门窗洞口，并向未剖到的第二跑梯段方向投影，如图8-17中1—1剖面图给出的剖切位置所示。

识读分析：读剖面详图时，需对照平面图明确其剖切位置与投影方向等。本例的剖面详图是从第一梯段剖切后向右(东)投影的。对踏步形式、级数及各踢面高度、平台面、楼面等的标高均注有详细的尺寸，而对于栏(杆)、扶手等细部的构造、材料等又用索引符号引出，表示另有节点详图表示，如图8-18所示。

楼梯剖面图的内容包括以下几方面：

(1)水平方向被剖切墙的轴线编号©轴、⑩轴；轴线间的尺寸>200mm；踏步长$10×300=3000$mm；休息平台和楼层平台均为2100mm。

(2)竖直方向可见被剖切到的墙段、梯段、门窗洞口、层高尺寸、标高等。梯段踏步高均为$11×150=1650$mm；由此可看出一个规律，梯段踏步高数总是比梯段平面踏步宽数多1，即梯段长为：踏步宽×(踏步级数−1)。竖直方向三道尺寸线为总高、层高和细部尺寸。

(3)详图索引，本施工图内的详图索引，分母 6 表示详图所在页，分子 5 表示详图编号；如果选用标准图集，如 88J7—1，说明选用的是华北标 88J7—1 第 31 页 A14 型钢栏杆。

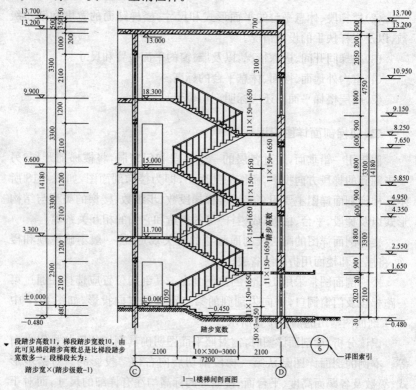

图 8-18　由图 8-17 楼梯间首层平面图剖切的 1-1 楼梯间剖面图

三、楼梯节点详图识读

楼梯节点详图主要表示楼梯栏杆、扶手的形状、大小和具体做法，栏杆与扶手、踏步的连接方式，楼梯的装修做法以及防滑条的位置和做法。

常用比例为 1∶20、1∶10、1∶5 等，如果选用标准图能表达清楚，就可以省去节点详图。

图 8-19 所示为楼梯节点详图。

第八章 楼梯装修施工图识读

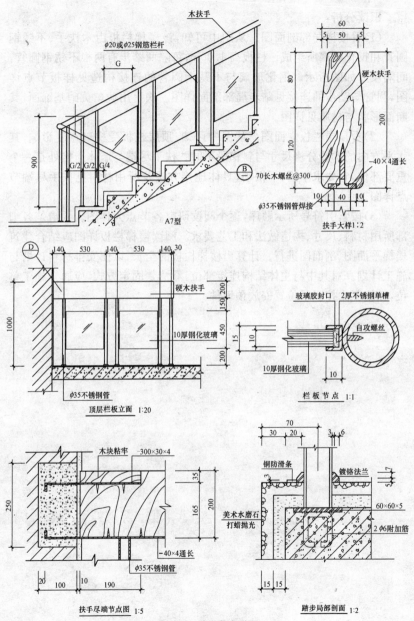

图 8-19 楼梯节点详图

识读分析：

(1) 看楼梯局部剖面图。从图中可知，该楼梯栏板由木扶手、不锈钢圆管和钢化玻璃所组成。栏板高1.00m，每隔两踏步有两根不锈钢圆管，间隔尺寸如图所示。钢化玻璃与不锈钢圆管的连接构造见样板节点详图，圆管与踏步的连接见踏步局部剖面详图。扶手用琥珀黄硝基饰面，其断面形状与材质见详图。

(2) 看顶层栏板立面图。从图中可知，顶层栏板受梯口宽度影响，其水平方向的构造分格尺寸与斜梯段不同。扶手尽端与墙体连接处是一个重要部位，它要求牢固、不松动，具体连接方法及所用材料见扶手尽端节点详图。

(3) 按索引符号所示顺序，逐个阅读研究各节点大样图。弄清楚各细部所用材料、尺寸、构造做法和工艺要求。阅读楼梯栏板详图应结合建筑楼梯平面图、剖面图进行。计算出楼梯栏板的全长，以便安排材料计划与施工计划。对其中与主体结构连接部位，看清楚固定方式，应通知施工单位，在施工中按图示位置安放预埋件。

第九章 家具图识读

第一节 家具图识读一般规定

一、图线与比例的形式

1. 图线

(1)各种图线的名称、形式和宽度见表9-1。

表9-1　　　　　　　图线的名称、形式和宽度

图线名称	图线形式	图线宽度
实线	————————	$b(0.25\sim1\text{mm})$
粗实线	————————	$1.5\sim2b$
虚线	- - - - - - - -	$b/3$ 或更细
粗虚线	- - - - - - - -	$1.5\sim2b$
细实线	————————	$b/3$ 或更细
点画线	—·—·—·—	$b/3$ 或更细
双点画线	—··—··—··—	$b/3$ 或更细
双折线	∿∿∿∿	$b/3$ 或更细
波浪线	～～～	$b/3$ 或更细(徒手绘制)

(2)图线的宽度系列为 0.18,0.25,0.35,0.5,0.7,1,1.4,2(mm)。
注:需要缩微的图纸,不宜采用 0.18mm 线宽。

2. 比例

比例为图样中零部件和装配体要素与实物相应要素的线性尺寸之

比。家具图样所用比例见表 9-2。

表 9-2　　　　　　　家具图样所用比例

缩小的比例		与实物相同	放大的比例
常　用	必要时选用		
1:2　1:5　1:10	1:3　1:4　1:6 1:8　1:15　1:20	1:1	2:1　4:1　5:1

各局部详图必须单独标注比例,比例写在局部详图标志圆的右边,水平细实线上方,如图 9-1 所示。

二、尺寸标注

(1)尺寸标注一律以毫米为单位,图纸上不必注出"毫米"或"mm"单位。

图 9-1　比例的注写

(2)尺寸数字一般注写在尺寸线中部上方。也可将尺寸线断开,中间写尺寸数字,如图 9-2 所示。

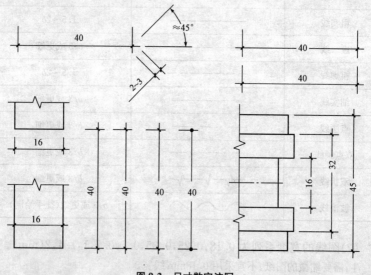

图 9-2　尺寸数字注写

(3)尺寸线上的起止符号,可采用与尺寸界线顺时针方向转 45°左右的短线表示,也可采用小圆点,如图9-2所示。在同一张图纸上,除角度、直径和半径尺寸外,应用一种起止符号画法。

(4)不同方向线性尺寸数字的写法见图9-3(a)。其中30°范围内应尽量避免标注尺寸,当无法避免时可按水平方向书写,见图9-3(b)。

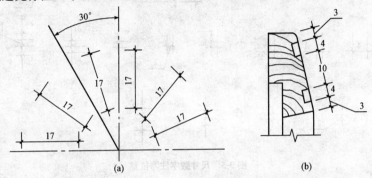

图9-3　尺寸数字注写方向

(5)尺寸数字也可全部水平地注写在尺寸线中断处,平行尺寸线上的相邻数字位置应叉开(图9-4)。

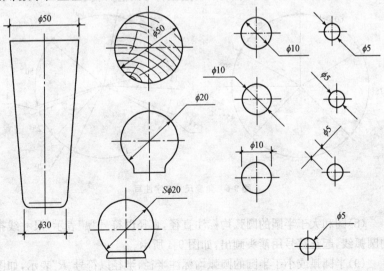

图9-4　圆和大于半圆的圆弧标注方法

(6)当注写尺寸位置很小时,可按图 9-3(b)和图 9-5 注写。

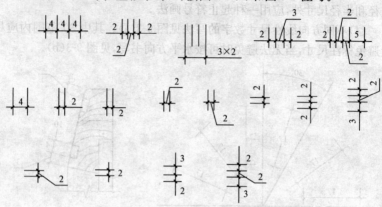

图 9-5　尺寸数字注写位置

(7)角度尺寸数字一律水平书写,一般应写在尺寸线中断处,必要时可写在尺寸线上方或外面,注写位置不够时可引出标注,见图 9-6。角度尺寸线应是以角顶为圆心的圆弧线,起止符号用箭头表示。

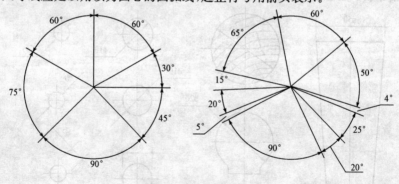

图 9-6　角度尺寸数字注写

(8)圆和大于半圆的圆弧均标注直径,直径以符号"ϕ"表示,尺寸线指向圆弧线,起止符号用箭头画出,如图 9-4 所示。

(9)半圆弧或小于半圆的圆弧均标注半径,半径以符号"R"表示,如图 9-7 所示。尺寸线方向应通过圆心,长度可长可短。尺寸线指向圆弧一端用箭头画出。当半径很大,又需要注明圆心位置时,可将尺寸线画成折线,如图9-8(a)所示。若不需要标出圆心位置时,则仍按一般注法,见图9-8(b)。

(10)球体尺寸则在直径或半径符号前加注"S",如图9-4和图9-7所示。

(11)弧长尺寸按图9-9标注,在尺寸数字上加一小圆弧。

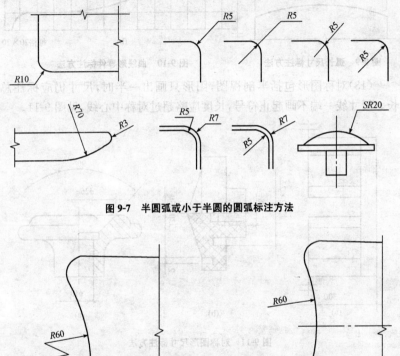

图9-7 半圆弧或小于半圆的圆弧标注方法

图9-8 半径很大的圆弧标注方法

(12)不便用圆弧表示的曲线形零件,可在图纸中将该零件用引出线注明"另有1∶1样板"。若在图上画出时,可以用网格坐标确定曲线形状,如图9-10所示。部分圆弧曲线可用半径尺寸注出[图9-10(a)]。

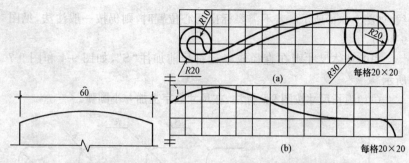

图 9-9 弧长尺寸标注方法　　图 9-10 曲线形零件标注方法

(13) 对称图形包括半剖视图，图形只画出一半时，尺寸仍应标注总长。尺寸线一端不画起止符号，长度应略超过对称中心线，见图 9-11。

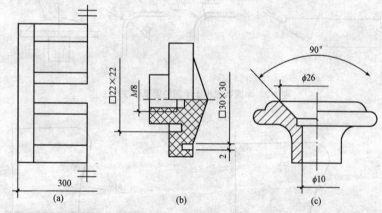

图 9-11 对称图形尺寸标注方法

(14) 同一视图有不同规格尺寸时，可用相应字母表示尺寸代号，同时用表格列出不同尺寸，见图 9-12。

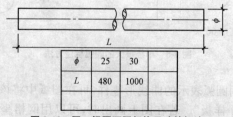

图 9-12 同一视图不同规格尺寸的标注

(15) 各种孔的标注见表 9-3。

表 9-3　　　　　　　　　　　　孔的标注

类型	旁注法		普通注法
光孔	4-φ5深10	4-φ5深10	4-φ5　10
	4-φ5	4-φ5	4-φ5
沉孔	4-φ5沉孔φ10×90°	4-φ5沉孔φ10×90°	90° φ10　4-φ5
	4-φ5沉孔φ10深10	4-φ5沉孔φ10深10	φ10　10　4-φ5
	△4-φ5深20	△4-φ5深20	4-φ5　20

(续)

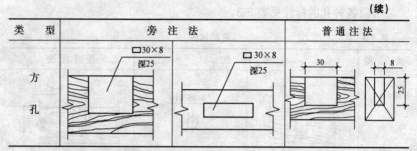

注:倾斜沉孔不论沉孔是圆柱形还是其他形状,都以代号△标注。方孔中不论是长方孔还是正方孔都以代号□标注。

(16)供参考的尺寸,应以括号形式标注,如图 9-13 中 $R(2050)$ 所示。

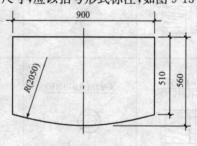

图 9-13　供参考尺寸的标注

(17)表示多层结构材料及规格时,可用一次引出线分格标注,分格线为水平线,如图 9-14 所示。文字说明的次序,应与层次一致,一般由上到下,由左到右。

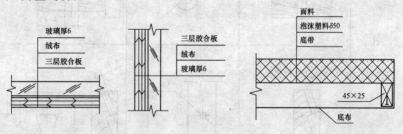

图 9-14　一次引出线分格标注

(18)倒角标注法见图 9-15,其中 45°倒角可一次引出标注。

(19)断面尺寸可以用一次引出方法标注,见图 9-14 中 45×25。

(20)当任何图线与尺寸数字相重叠时,都应断开,以免尺寸数字模糊,见图 9-4 中 $\phi 50$。

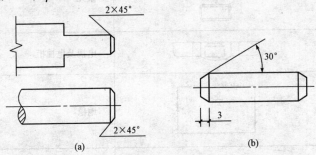

图 9-15 倒角标注法

三、家具图常用图例

1. 平面图例

常用家具平面图例见表 9-4。

表 9-4　　　　　　　　常见家具平面图例

序号	图　例	说　明
1		三人沙发,双人沙发,单人沙发
2		转角沙发
3		

(续一)

序号	图例	说明
4	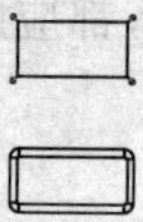	茶几
5		电视及电视柜
6	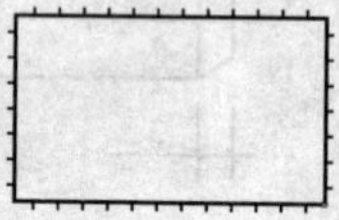	地毯
7		
8	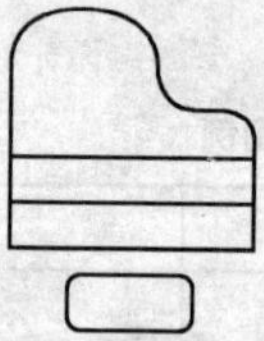	上图为立式钢琴 下图为三角钢琴
9	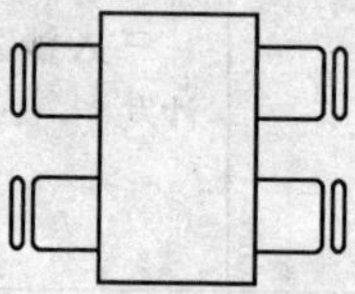	西餐桌
10		圆形餐桌

第九章 家具图识读

(续二)

序号	图例	说明
11	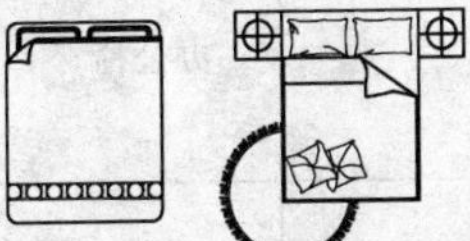	双人床(右图带床头柜)
12	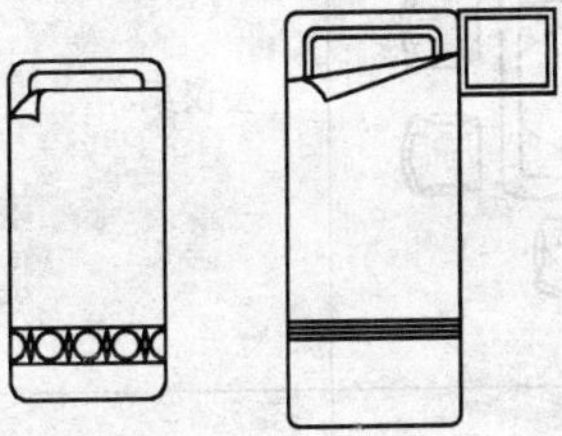	单人床(右图带床头柜)
13		左为单扇开门、中为子母门、右为双扇平开门
14	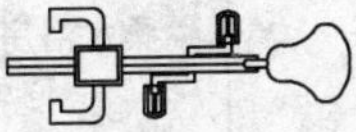	健身器
15	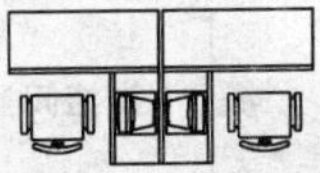	办公桌
16	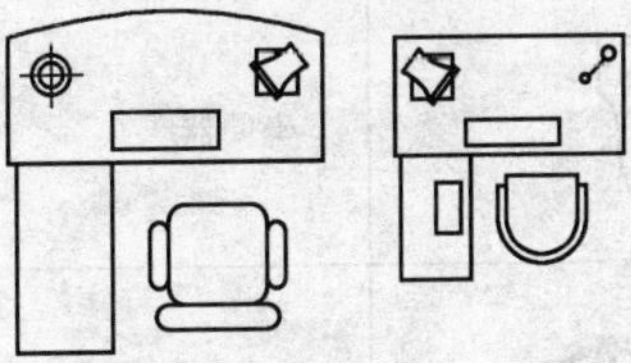	办公桌
17		办公器材

(续三)

序号	图例	说明
18		办公椅
19		会议桌
20		浴缸
21		桑拿浴房
22		淋浴间
23		坐便器
24		洗手池

第九章　家具图识读

(续四)

序号	图例	说明
25		冰箱
26		洗衣机
27		洗菜池
28	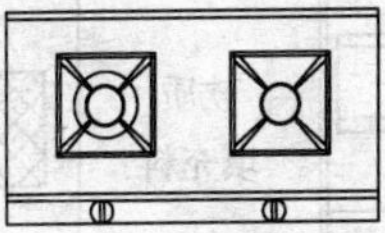	煤气灶
29		吊灯
30		开关(涂黑为暗装,不涂黑为明装)
31		插座(同上)
32		配电盘

2. 剖切符号及图例

(1)当家具或零、部件画成剖视及剖面图时,假想被剖切的部分,一般应画出剖面符号,以表示已被剖切部分和零件材料的类别。剖面符号用线(剖面线)均为细实线。剖面符号见表9-5。

表 9-5　剖面符号

木材	横剖（断面）	方材	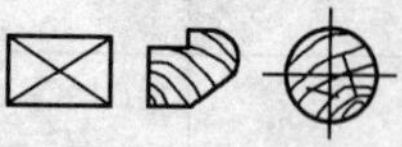	纤维板	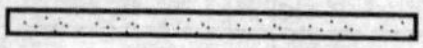
木材	横剖（断面）	板材	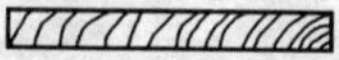	薄木（薄皮）	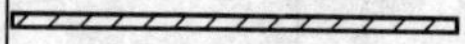
木材	纵剖		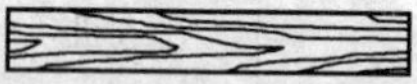	金属	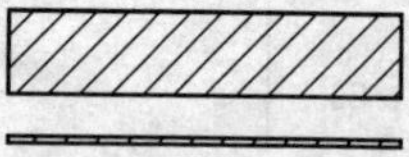
胶合板（不分层数）			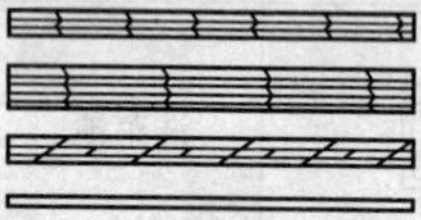	塑料 有机玻璃 橡胶	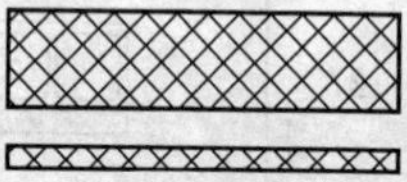
覆面刨花板			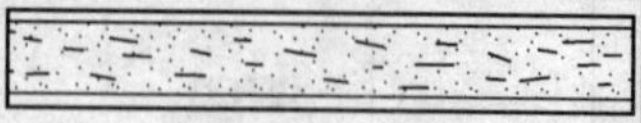	软质填充料	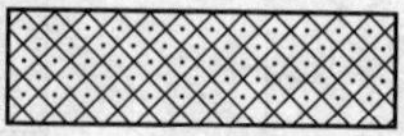
细木工板	横剖		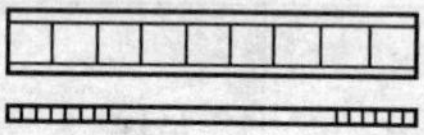	砖石料	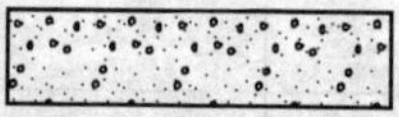
细木工板	纵剖		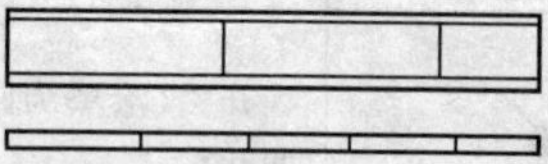		

（2）部分材料，如玻璃、镜子等，在视图中也可画出图例以表示其材料，其画法见表 9-6。对表面木材纹理有特殊要求时也可在视图中画出。

表 9-6　部分材料的剖面符号及图例

名称	图　　例	剖　面　符　号
玻璃	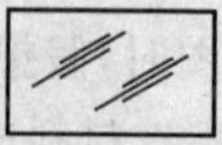	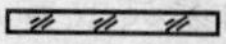

(续)

名称	图 例	剖 面 符 号
编竹		
网纱		
镜子		
藤织		
弹簧		
空芯板		

第二节 家具的分类、作用与尺度

一、家具的分类

室内家具可按其使用功能、制作材料、结构构造体系、组成方式等方面来分类,见表 9-7。

表 9-7　　　　　　　　　　　　　室内家具的分类

序号	分类方法		具 体 内 容
1	按家具使用功能分类	坐卧类	坐卧类家具有床、沙发、椅子等
		凭倚类	凭倚类家具有桌子、茶几等
		贮存类	贮存类家具有柜子、箱子等
2	按家具制作材料分类	木制家具	木材质轻,强度高,易于加工,而且其天然的纹理和色泽,具有很高的观赏价值和良好手感,使人感到十分亲切,是人们喜欢的理想家具材料。自从弯曲层积木(Laminated Wood)和层压板(Ply Wood)加工工艺的发明,木质家具得到进一步发展,形式更多样,更富有现代感,更便于和其他材料结合使用。常用的木材有柳桉、水曲柳、山毛榉、柚木、楠木、红木、花梨木等
		藤、竹制家具	现代家具中,藤材广泛地被利用。藤材具有柔和的色彩,富有弹性、容易弯曲,能编制出各种结构款式的家具,这种家具给人一种返朴归真的美感。 竹材质地坚硬,具有优良的力学性能,抗拉、拉压强度都比木材好,富有韧性和弹性,特别是抗弯能力强,不易折断。这种材料有清新凉爽的感觉,适于夏季使用。但制作竹制家具时应注意防腐、防蛀、防裂方面的处理
		金属家具	金属家具是用各种金属材料如钢、铁、铝合金等材料制作的家具。金属家具一般采用机械化的生产方式,精度高,抗压强度大,制作造型柔和灵巧,富有时代气息,能起到活跃室内气氛的作用。它的表面可以采用电镀、喷砂、烘漆、抛光的手法进行处理,也可以搭配木材、玻璃、塑料、皮革等制造出独特的家具造型
		塑料家具	一般采用玻璃纤维加强塑料,模具成型,具有质轻高强、色彩多样、光洁度高和造型简洁等特点。塑料家具常用金属作骨架,成为钢塑家具

(续一)

序号	分类方法		具体内容
3	按家具构造体系分类	框式家具	以框架为家具受力体系,再覆以各种面板,连接部位的构造以不同部位的材料而定。有榫接、铆接、承插接、胶接、吸盘等多种方式,并有固定、装拆之区别。框式家具常有木框及金属框架等
		板式家具	以板式材料进行拼装和承受荷载,其连接方式也常以胶合或金属连接件等方法,视不同材料而定。板材可以用原木或各种人造板。板式家具平整简洁,造型新颖美观,运用很广
		拆装结构	拆装结构家具各零部件之间的结合采用连接件来完成,并根据运输的需要,家具可进行多次拆卸和安装。这种家具常用于板式家具、金属家具、塑料家具中
		折叠结构	折叠家具的主要特点是能折叠,常见于桌、椅、床类,具有占用空间小,便于贮藏和运输,携带方便等优点,适用于餐厅、会场以及小面积的住宅空间中
		充气结构	充气结构是以具有一定造型的橡胶气囊加以充气而成的。它的成本低,重量轻,轻盈别致,有一定的承载能力,便于携带与收藏,多适应于旅游家具
		薄壳结构	薄壳结构家具是采用现代工艺和技术,将塑料、玻璃钢或多层薄木胶合板等材料一次性热压或塑压成形的家具。它按人体坐姿模式制成坐面和椅背连体的薄壳结构,固定到支架上形成坐椅,也可用塑料连支架与椅坐、椅面一次整体压铸成形。薄壳家具质轻,便于搬动,多数可叠积,适于贮藏。另外由于是模压成形,造型生动流畅,色彩夺目
		整体浇注结构	整体浇注结构家具以塑料为原料,在定型的模具中进行发泡处理,脱模后成为具有承托人体和支撑结构合二为一的整体形家具
4	按家具组成分类	单体家具	在组合配套家具产生以前,不同类型的家具,都是作为一个独立的工艺品来生产的,它们之间很少有必然的联系,用户可以按不同的需要和爱好单独选购。这种单独生产的家具不利于工业化大批生产,而且各家具之间在形式和尺度上不易配套、统一,因此,后来为配套家具和组合家具所代替
		配套家具	配套家具是将同一使用空间内的家具在材料、样式、尺度、色彩、装饰等方面进行统一设计,以获得统一和谐的效果。譬如,卧室中的床、床头柜、衣柜等按同一样式进行设计

(续二)

序号	分类方法	具 体 内 容
4	按家具组成分类	组合家具	组合家具是将家具分解为一二种基本单元,再拼接成不同形式,甚至不同的使用功能,如组合沙发,可以组成不同形状和布置形式,可以适应坐、卧等要求;又如组合柜,也可由一二种单元拼连成不同数量和形式的组合柜。组合家具有利于标准化和系列化,使生产加工简化、专业化。在此基础上,又生产了以零部件为单元的拼装式组合家具。单元生产达到了最小的程度,如拼装的条、板、基足以及连接零件。这样生产更专业化,组合更灵活,也便于运输。用户可以买回配套的零部件,按自己的需要,自由拼装

二、家具的作用

家具的作用主要表现在表 9-8 中的几方面。

表 9-8　　　　　　　　　　家具的作用

作用	内　　容
明确空间	除了作为交通性的通道等空间外,绝大部分的室内空间(厅、室)在家具未布置前是难于付之使用和难于识别其功能性质的,更谈不上其功能的实际效率,因此,可以这样说,家具是空间实用性质的直接表达者,家具的组织和布置也是空间组织使用的直接体现,是对室内空间组织、使用的再创造。良好的家具设计和布置形式,能充分反映使用的目的、规格、等级、地位以及个人特性等,从而使空间赋予一定的环境品格。应该从这个高度来认识家具对组织空间的作用
组织空间	在室内空间中,人们的活动或生活方式是多种多样的,要满足这些生活方式就需要在室内空间中创造不同功能区域,充分利用家具布置来灵活组织分隔空间是建筑装饰设计中常用手法之一,它不仅能有效分隔空间、充实空间,还能提高室内空间使用的灵活性和利用率,同时使各功能空间隔而不断,既相对独立,又相互联系。图 9-16 为利用家具组织分隔空间
丰富空间	经过不同虚实形态的家具处理,可将单调呆板的空间,变得围透多变,情趣盎然

(续)

作用	内　　容
创造氛围	由于家具在室内空间所占的比重较大，体量十分突出，因此家具就成为室内空间表现的重要角色。历来人们对家具除了注意其使用功能外，还利用各种艺术手段，通过家具的形象来表达某种思想和涵义。这在古代宫廷家具设计中可见一斑，那些家具已成为封建帝王权力的象征。

图 9-16　利用家具组织分隔空间

三、家具的尺度设置

根据人体学的物理规律，对家具的尺度设置有以下几个规定：
(1)桌面高＝桌面至座面差＋座位基准点高
(2)一般桌面至座面差为 25～30cm；
(3)座位基准点高为 39～41cm。

因此，一般桌高在 64cm(39cm＋25cm)～71cm(41cm＋30cm)这个范围内。

桌面与座面高差过大时,双手臂会被迫抬高而造成不适;当然高差过小时,桌下部空间相应变小,而不能容纳腿部时,也会造成困难。常用家具的尺度关系如图9-17所示。

图9-17 常用家具的尺度关系

第三节　家具施工图识读

一、家具结构图识读

家具结构图是用来直接指导生产和最后进行成品检验的重要图样。根据生产过程的不同阶段，分为结构装配图与部件装配图两类。

1. 结构装配图

结构装配图是表达家具内外详细结构的图样，不仅用来指导将已加工完成的零件、部件装配成整体家具，而且还要指导一般零件、部件的配料和加工制造。

结构装配图为正投影图，能全面表达整件家具的结构（每个零件的形状、尺寸及它们的相互装配关系，制品的技术要求），是施工用图的形式之一。

结构装配图要求表现家具的内外结构、零部件装配关系，同时还要能够表达清楚部分零部件的形状和尺寸。

识读要点：

(1) 首先要对照设计图，看清楚剖切面的剖切位置和剖视方向。主视图用局部剖视，俯视图用全剖视。

(2) 在众多图形和尺寸中，要注意区分家具主体结构和装饰结构的图形和尺寸，以便进一步研究它们之间的衔接关系、方式和尺寸。

(3) 认真阅读研究图中所示的内容，明确家具各部位的结构方法、结构尺寸、材料要求与工艺要求。

(4) 注意按图示符号找出相对应的详图来仔细阅读，不断对照，弄清楚各连接点的结构方式、细部的材料、尺寸和详细做法。

(5) 局部详图识读时要做到切切实实、分毫不差，从而保证生产过程中的准确性。

2. 部件装配图

在各种结构形式的家具中，以立体图形式来表示家具各零件、部件之间的装配关系的图样就称为部件装配图，又称"装配立体图"或"拆卸立体图"或"安装示意图"或"拆卸示意图",一般采用轴测图的形式绘制。部件装配图为正投影图,主要表达家具各部件间的相互装配关系,技术要求,它是与部件图联用构成施工用图形式之二。如图 9-18 所示为单柜写字桌的部件装配图。

识读分析:从图 9-18 中可以看出,部件装配图能够表示清楚零件、部件之间的配合关系,装配的相对位置,对尺寸大小并不严格要求;这种图按家具装配的顺序进行编号,达到简化文字说明的目的。

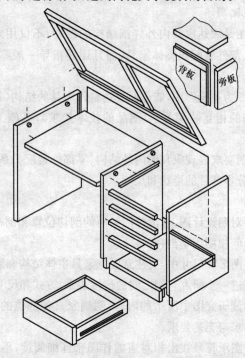

图 9-18　单柜写字桌的部件装配图

二、家具零件图和部件图识读

1. 家具零件图

零件是组装成部件的最小单体,由几个零件组装成一个家具的独立配件称为部件,而生产任何家具必须先加工制造零件,然后组装成部件,最后装配成家具。

家具零件图为正投影图，主要表达零件的形状、尺寸及技术要求，仅用于形状复杂的零件与金属配件。

识读要点：

(1)能够按照相关的投影原理，以各种必要的投影视图(平面、立面、剖面、断面图等)完整表达家具零件的形态和材质状况。较复杂的零件还可以用各种立体投影图配合识读图样。

(2)图样中应正确表明零件各部分结构形状的大小及相对位置的尺寸，以及与零件相关的尺寸公差、验收条件等技术要求。

(3)能够体现产品的品名、材料、规格等产品标态与设计、审核等责任人的相关资料。

2. 部件图

部件就是由几个零件组成的组装件，它是构成产品的基本装配结构。在家具制作和室内装饰装修的施工图样中，表达部件的施工图样就是各种部件装配图。

部件图为正投影图，全面表达一个部件的结构(各零件的形状、尺寸及装配关系，部件的技术要求)。部件图通常与部件装配图联用。

识读要点：

(1)用一组视图正确、完整、清晰和简便地表达零件和部件间的装配关系和连接方式以及主要零件的主要结构形状。

(2)只标注出反映部件的性能、规格、外形以及装配、检验、安装时所必需的一些尺寸。

(3)技术要求。用文字或符号准确、简明地说明零件或部件的性能、装配、检验、调整要求、运输要求等。

(4)用标题栏注明零件或部件的名称、规格、比例、图号以及设计、制图者的签名等。在装配图上对每种零件或组件必须进行编号；并编制明细栏，依次注写出各种零件的序号、名称、规格、数量、材料等内容。

3. 零、部件序号及其编排方法

(1)装配图中相同的零件、部件应编写同样的序号，一般只标注一次。

(2)装配图中零、部件的序号应与明细表中的序号一致。

(3)装配图中编写零、部件序号的表示方法，是在指引线一端的水平线(细实线)上或圆(细实线)内注写序号,序号用阿拉伯数字书写,字号比装配图中尺寸数字大一号或二号(图 9-19)。同一装配图中,编注序号的形式应一致。

(4)指引线(细实线)应引自所指零、部件的可见轮廓内,并在末端画一圆点,如图 9-19 所示。若所指部分不便画圆点时(细小或涂黑的剖面或代号),可以箭头代替圆点,箭头指向该部分轮廓,如图 9-20 所示。

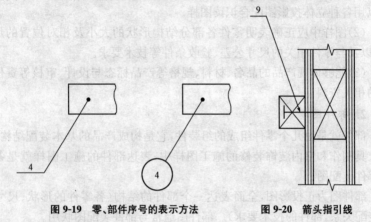

图 9-19　零、部件序号的表示方法　　　图 9-20　箭头指引线

(5)指引线相互不能相交,一般不要和轮廓线平行,必要时指引线可画成折线,但只可曲折一次。

(6)一组有关连接件,可以采用公共指引线,如图 9-21 所示。

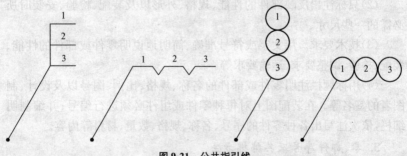

图 9-21　公共指引线

(7)装配图中零、部件序号应按水平或垂直方向排列整齐,并按顺时针或逆时针方向按次排列,见图 9-22。

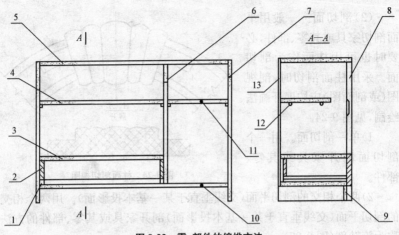

图 9-22 零、部件的编排方法

三、家具组装图识读

家具组装图即三视图(含剖面图),是家具中的主体,是表明家具的内外结构、全部结构和装配关系的图纸。同时它表明了家具的长度、高度和厚度。

家具装配图与室内装饰装修图样略有不同,因此要在基本看懂零配件视图的基础上来识读家具装配图。

1. 视图

(1)剖视图。假想用剖切面剖开家具或其零、部件,将处在观察者和剖切面之间的部分移去,而将其余部分向投影面投影所得的图形(图9-23)。

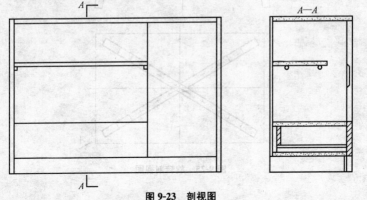

图 9-23 剖视图

(2)剖切面。一般用平面剖切家具或其零、部件,必要时也可用柱面作为剖切面。采用柱面剖切时,剖视图(或剖面图)应按展开画法绘制,见图9-24。

1)单一剖切面。用一个剖切面剖开家具或其零、部件。

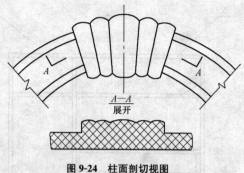

图 9-24 柱面剖切视图

2)两个相交的剖切平面(交线垂直于某一基本投影面)。用两个相交的剖切平面(交线垂直于某一基本投影面)剖开家具或其零、部件的方法称为旋转剖(图 9-25)。

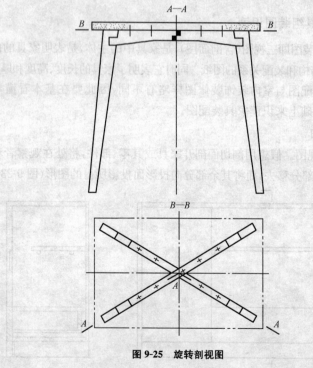

图 9-25 旋转剖视图

3) 几个平行的剖切平面。用几个平行的剖切平面剖开家具或其零、部件的方法称为阶梯剖(图 9-26)。

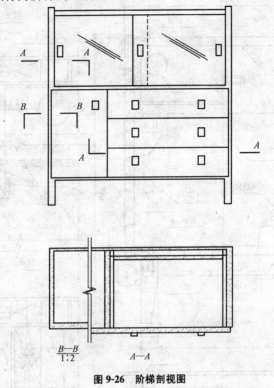

图 9-26　阶梯剖视图

（3）全剖视图。即用剖切面完全地剖开家具或其零、部件所得的剖视图(图 9-27 中 A—A)。

（4）半剖视图。当家具或其零、部件具有对称平面时,在垂直于对称平面的投影面上的投影,可以以对称中心线为界,一半画成剖视,另一半画成视图,如图 9-28 中的主视图。当家具或其零、部件接近于对称,不会引起误解时,也可以画成半剖视图(图 9-27)。

（5）局部剖视图。用剖切面局部地剖开家具或其零、部件所得的剖视图。局部剖视图用波浪线与视图隔开,如图 9-27 所示。局部剖视还可取图 9-26 中画在视图外的形式(图 9-26 B—B)。

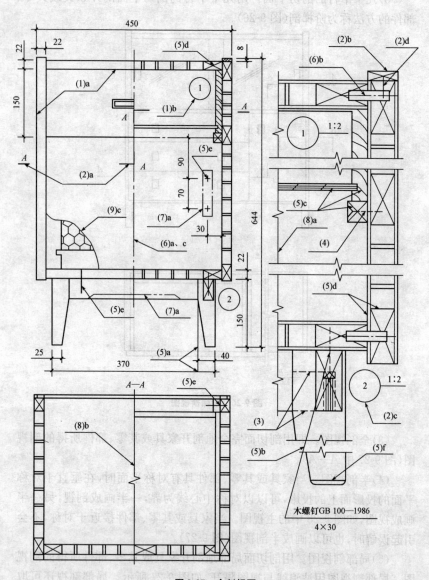

图 9-27 全剖视图

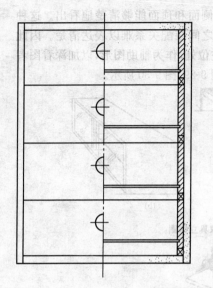 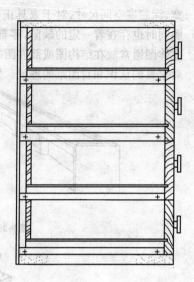

图 9-28 半剖视图

2. 剖切符号

剖切符号用线宽 1.5～2b 断开的长度约 6～8mm 的粗实线绘制,尽可能不与轮廓线相交。在剖切符号两端作一与之垂直的粗短线,长度约 4～6mm,以表示投影方向(图 9-25)。

3. 剖切位置与剖视图的标注

(1)在剖视图上方应标出图名,如"A—A"。在相应的视图上用剖切符号表示剖切位置,并注上同样的字母(图 9-23)。

(2)当剖切平面的位置处于对称平面或清楚明确,不致引起误解时,允许省略剖切符号。如图 9-27 中的主视图和图 9-28。

(3)当基本视图画成剖视图时,其图形处于规定位置,中间又无其他图形隔开,允许不画投影方向。如图 9-25 中 A—A、B—B 与图 9-26 中 A—A。

(4)当单一剖切平面的剖切位置明显时,局部剖视图的标注可省略(图 9-27)。

四、家具立体图识读

通常立体图采用成角透视来画出,它能直观地表示家具的外形和高、宽、深三度空间尺寸,对于家具正面、侧面和顶面能够清楚地看出。这种图同时也存在着一定的缺陷,零部件之间装配关系难以表达清楚。因此立体图通常放在结构图或部件图的空位处,作为辅助图形,以加深看图者对家具的认识和对图纸的理解。如图 9-29、图 9-30 所示。

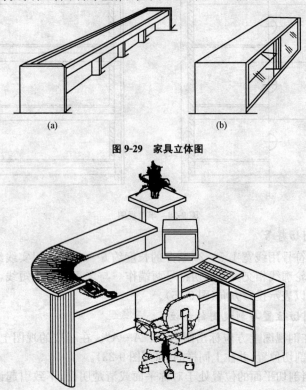

图 9-29　家具立体图

图 9-30　接待柜(单人)

五、局部节点图识读

为了能够更形象地表达家具面与面之间交接处、收口部分、零部件重要的结合等位置的结构形式,以及连接和固定方式,而将这些关键部分以局部剖视图画出。在作图过程中,有些节点图还把剖视图放大画出,这样能够方便与识读。看剖视的节点图,主要是要搞清剖切的位置和视图方向。要懂得剖面符号的意义。

第十章 相关专业施工图识读

第一节 室内给排水施工图识读

一、室内给排水系统的组成与分类

(一)室内给水系统的组成与分类

1. 室内给水系统组成

室内给水系统一般组成包括引水管、水表节点、室内配水管网、配水附件与控制附件、升压设备及消防管网及附件,如图10-1所示。

(1)引入管。自室外给水管网引入房屋内部的一段水平管。

(2)水表节点。水表节点是指引入管上装设的水表及其前后设置的阀门、泄水装置的总称。阀门用以修理和拆换水表时关闭管网;泄水装置主要用于系统检修时放空管网、检测水表精度及测定进户点压力值。为了使水流平稳流经水表,确保其计量准确,在水表前后应有符合产品标准规定的直线管段。

水表及其前后的附件一般设在水表井中,如图10-2所示。温暖地区的水表井一般设在室外,寒冷地区为避免水表冻裂,可将水表设在采暖房间内。

在建筑内部的给水系统中,除了在引入管上安装水表外,在需计量水量的某些部位和设备的配水管也要安装水表。为利于节约用水,住宅建筑每户的进户管上均应安装分户水表。

(3)给水管网。给水管网由水平干管(俗称横杠)、立管(俗称立杆)和供水支线管等组成。

(4)配水龙头和用水设备。即建筑物中的各种给水出口点。水通过给水系统送到这些用水和配水设备后,才能供人们使用从而完成供水过程。

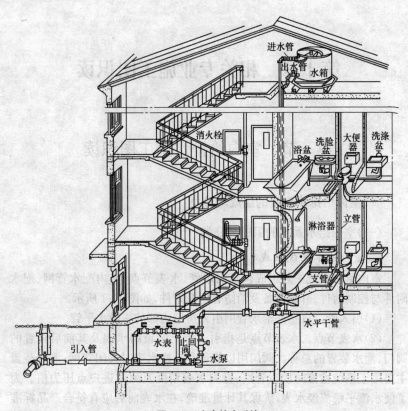

图 10-1 室内给水系统

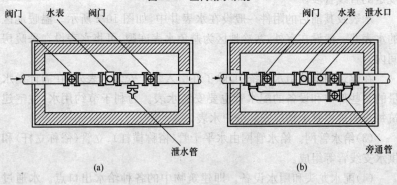

图 10-2 水表节点
(a)无旁通管的水表节点；(b)有旁通管的水表节点

第十章 相关专业施工图识读

(5)给水附件。用于管道系统中调节水量、水压,控制水流方向,以及关断水流,便于管道、仪表和调和设备检修的各类阀门,如截止阀、止回阀、闸阀等。

(6)加压和贮水设备。在室外给水管网水量、压力不足或室内对安全供水、水压稳定有要求时,需在给水系统中设置水泵、气压给水设备和水池、水箱等各种加压、贮水设备。

2. 室内给水系统分类

(1)室内给水系统按供水对象可划分为生产给水系统、消防给水系统与生活给水系统三类,见表10-1。实际上,并不是每一幢建筑物都必须设置三种独立的给水系统,而应根据使用要求可以混合组成生活—消防给水系统或生产—消防给水系统以及生活—生产—消防给水系统。只有大型的建筑或重要物资仓库,才需要单独的消防给水系统。

表10-1　　　　　　室内给水系统按照供水对象分类

序号	分类	具 体 内 容
1	生产给水系统	主要是解决生产车间内部的用水,对象范围比较广,如设备的冷却、产品及包装器皿的洗涤或产品本身所需用的水(如饮料、锅炉、造纸等)
2	消防给水系统	指城镇的民用建筑、厂房以及用水进行灭火的仓库,按国家对有关建筑物的防火规定所设置的消防给水系统,它是提供扑救火灾用水的主要设施
3	生活给水系统	以民用住宅、饭店、宾馆、公共浴室等为主,提供日常饮用、盥洗、冲刷等的用水

(2)根据室内给水引入管和干管的布置方式的不同,给水管网的布置形式可以分为环形布置和枝形布置两种。环形布置是指给水干管首层相连形成环状,有两根引入管。枝形布置是指给水干管首尾不相连,只有一个引入管,支管布置形状像树枝。

(3)根据给水干管敷设位置的不同,常见的给水管网的布置形式可以分为下行上给式、上行下给式和区分供给式等,具体见表10-2。

表 10-2　　按给水管网布置形式不同分类

序号	分类	具体内容
1	下行上给式	下行上给式是当给水管网水压、水量能满足使用一定层高的建筑用水要求，或者在底层设有增压设备时，可将给水干管穿越建筑底层地面、墙体，经给水立管、支管直接送至各室内用水设备和用水点，见图10-3(a)
2	上行下给式	上行下给式是给水管网的水压及水量在用水高峰时间不能满足使用要求时，可用水泵将水输送至建筑顶部设置的水箱储水，给水干管敷设在建筑顶层上面，在管网直接供水不足时，再将水由水箱向下输送至各用水设备、出水点，又称二次给水，见图10-3(b)。现在多数城镇住宅采用这种形式，能够较好地保证高层居民住宅的用水，但水质容易被二次污染
3	分区供给式	分区供给式是上述两种的接合，即下层由室外给水管网直接供水，上层有水箱供给

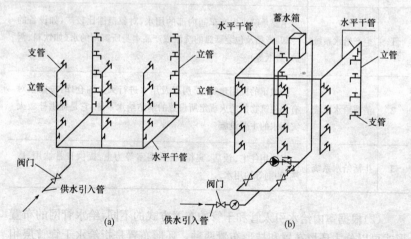

图 10-3　室内给水管网布置
(a)直接供水的水平环形下行上给式；(b)二次给水的枝状上行下给式

(二)室内排水系统的组成与分类

人们在日常生活中所产生的盥洗、洗涤废水和粪便污水统称为生活污水。各工矿企业在生产过程中所产生的废水称为工业废水。按污染的程度不同，又可分为生产废水和生产污水两种。屋面上的雨水和积雪融化水也是一种污（废）水，与前者相比，受到的污染程度较轻，通常称为屋面雨、雪水，也属室内排水的一大分支系统。

1. 室内排水系统组成

室内排水系统，一般由卫生器具、排水管道系统、通气管系统、清通设备、抽升设备及污水局部处理构筑物等组成，如图10-4所示。

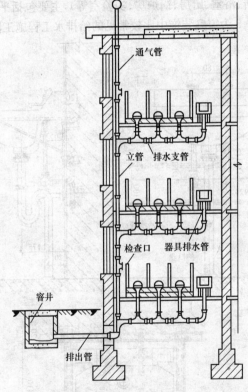

图10-4 室内排水系统基本组成

2. 室内排水系统分类

(1) 根据建筑的性质排水系统分为生产污水管道、雨水管道和生活污水管道系统三类，住宅室内排水系统一般为生活污水管道系统。

(2) 室内排水有分流和合流两种方式，选用分流或合流的排水系统应根据污水性质、污染程度,结合室外排水制度和有利于综合利用与处理的要求确定。

二、室内给排水施工图识读要点

阅读给排水施工图前,对相关的建筑施工图、结构施工图、装饰施工图应有一定的认识。室内给排水施工图表示建筑物内部的给水工程和排水工程(如厕所、浴室、厨房、锅炉房、实验室等),主要包括平面图、系统图和详图。图10-5为家庭装饰中比较常见的给排水工程施工图样。

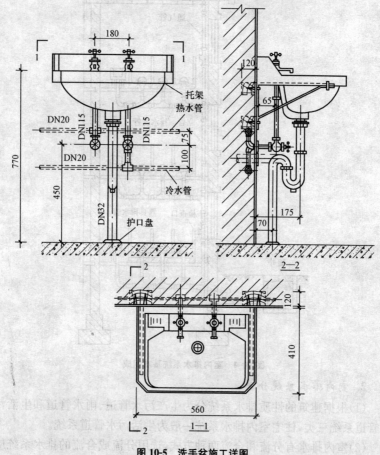

图10-5 洗手盆施工详图

1. 平面图

室内给排水平面图是在建筑平面图的基础上，根据给排水工程制图标准的规定绘制的，是反映给水排水设备、管网平面布置情况的图样，也是室内给排水安装图中最基本和最重要的组成部分。

室内给排水平面图是采用与建筑平面图相同的投影方法形成的。这种图样不仅反映卫生设备、管道的布置、建筑的墙体、门窗孔洞等内容，还表达了给排水设备、管线的平面位置关系。

阅读平面图时，可按照进户管→水表井（或阀门井）→干管→立管→支管→用水设备的顺序进行，沿给排水管线迅速了解管路的走向、管径大小、坡度及管路上各种配件、阀门、仪表等情况。

图10-6为某住宅楼首层给排水布置图，⑪轴右边的给水管的入口注有接小区给水管；给水管右边是排水管，出口注有接小区污水管网。平面图表明了给排水管道及设备的平面布置，主要包括干管、支管、立管的平面位置，管口直径尺寸及各立管的编号、管道零件（如阀门、清扫口等）的平面位置，给水进户管和污水排出管的平面位置及与室外给水排水管网的相互关系等。

图10-7为某住宅楼二层给排水布置图。从图中可以看出设有浴缸、坐便器、水池等用水设备。给水管径分别为DN65（首层入口接小区给水管处）、DN40、DN20等；排水管径分别为DN100、DN50等。给排水管除表示出水平方向的走向之外，还给出了管所在的竖向立管的位置。如"YL-1"为雨水1号立管，"WL-4"为洗涤4号污水立管；"FL-2"为粪便2号污水立管等。

图10-8所示为某住宅楼三至五层给排水布置图。给排水平面布置图在某些地方与建筑施工平面图近似，也会有多个给排水平面布置图，它是根据建筑施工平面图平面布置的变化而来。因此，识图时首层、二层、三至五层的给排水布置图，请对照识读。

2. 室内给排水系统图

给排水系统图分为给水系统和排水系统两大部分，它是用轴测投影的方法来表示给排水管道系统的上下层之间、前后左右之间的空间关系的。在系统图中，除注有各管径尺寸及主管编号外，还注有管道的标高和坡度等。识图时应将平面图和系统图结合起来看，对照阅读，这样才能了解给排水系统全貌。给排水系统图主要包括：

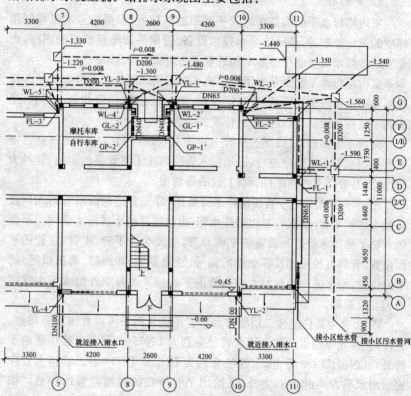

图 10-6　某住宅楼首层给排水平面布置图

(1) 管网相互关系，整个管网各楼层之间的关系，管网的相互连接及走向关系。

(2) 管线上各种配件关系，如检查口、阀门、水表、存水弯的位置和形式等。

(3) 管段及尺寸标准管路编号、各段管径、坡度及标高等。

图 10-9 所示为某住宅楼单元给水系统图。阅读时，可以从进户管开始，沿水流方向经干管、支管到用水设备。图中的进户管管径为 DN40，室外管道的管中心标高为 1.00m，进入室内±0.000，通往 GL-1、GL-2、GL-1′、GL-2′各立管。

第十章 相关专业施工图识读

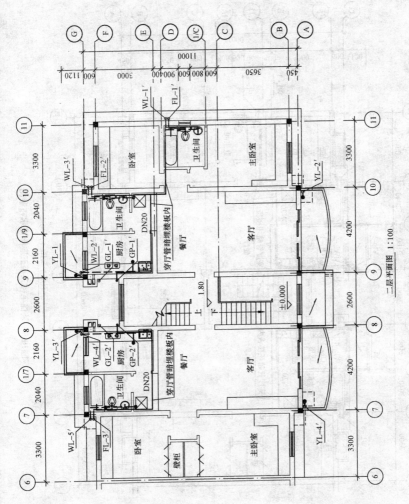

图10-7 某住宅楼二层给排水平面布置图

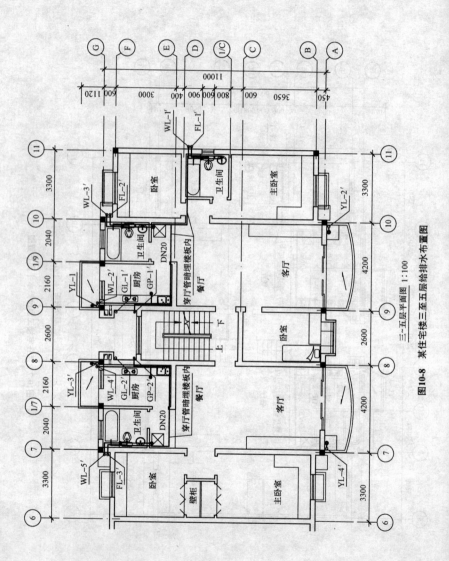

图10-8 某住宅楼三至五层给排水布置图

第十章 相关专业施工图识读

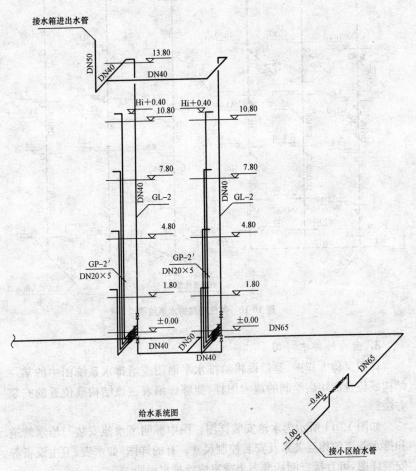

给水系统图

图 10-9 某住宅楼单元给水系统图

图 10-10 所示为某住宅楼排水系统图。

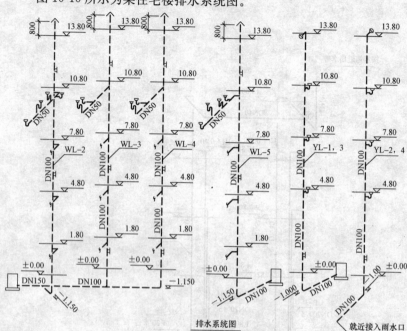

图 10-10 某住宅楼排水系统图

3. 室内给排水详图

详图又称大样图,是假设将给排水平面图或给排水系统图中的某一结构或位置剖切后绘制的放大图样,能够详细表达该结构或位置的安装方法。

如图 10-11 所示为水池安装详图。图中标明了水池安装与给水管道和排水管道的相互关系及安装控制尺寸。有的详图,如水表、卫生设备等安装详图,可直接查阅标准图集或室内给排水手册。

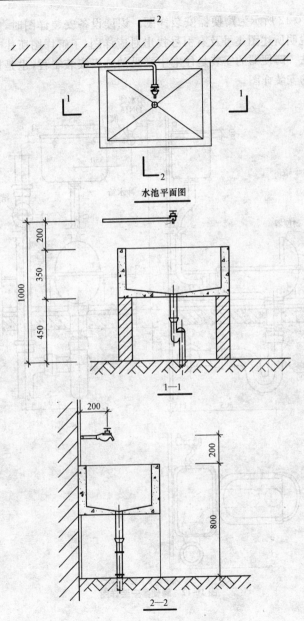

图 10-11 水池安装详图

图 10-12 所示为蹲便器安装详图。识读设备安装详图时,应首先根据设计说明所述图集号及索引号找出对应详图,了解详图所述节点处的安装做法。蹲便器的安装是住宅中常见的施工安装工程,也是标准图集中规范的安装详图。

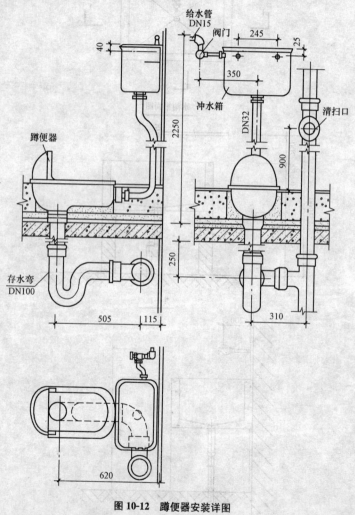

图 10-12 蹲便器安装详图

第二节　采暖施工图识读

一、暖通工程组成与分类

1. 供暖系统的组成

任何形式的供暖系统都主要由热源、供热管道系统、散热设备三个部分组成。

(1)热源。即区域锅炉房或热电厂等，作为热能的发生器。此外还可以利用工业余热、太阳能、地热、核能等作为供暖系统的热源。

(2)供热管道系统。将热源提供的热量通过热媒输送到热用户，散热冷却后又返回热源的闭式循环网络。热源到热用户散热设备之间的连接管道称为供热管，经散热设备散热后返回热源的管道称为回水管。

(3)散热设备。散热设备是指供暖房间的各式散热器。

2. 供暖系统的分类

在城市或条件较好的村镇，一般采用集中供暖的方式，集中供暖系统分为三类：热水供暖系统、蒸汽供暖系统和热风供暖系统。

(1)热水供暖系统。热水供暖系统是以热水为热媒的供暖系统。按热水温度的不同分为低温热水供暖系统和高温热水供暖系统，供水温度95℃，回水温度70℃的为低温热水供暖系统；供水温度高于100℃的为高温热水供暖系统。按系统的循环动力不同，又分为自然循环供暖系统和机械循环供暖系统。

(2)蒸汽供暖系统。蒸汽供暖系统是以蒸汽为热媒的供暖系统。在蒸汽供暖系统中热媒是蒸汽。蒸汽含有的热量由两部分组成，一部分是水在沸腾时含有热量，另一部分是从沸腾的水变为饱和蒸汽的汽化潜热。按热媒蒸汽压力的不同又分为低压蒸汽供暖系统和高压蒸汽供暖系统，蒸汽压力高于70kPa为高压蒸汽供暖系统，蒸汽压力低于70kPa为低压蒸汽供暖系统，蒸汽压力小于大气压的为真空蒸汽供暖系统。

(3)热风供暖系统。热风供暖系统是以空气为热媒的供暖系统。又分为集中送风系统和暖风机系统。热风供暖系统是以空气作为热媒。在热风供暖系统中，首先将空气加热，然后将高于室温的空气送入室内，热空气在室内降低温度，放出热量从而达到供暖的目的。

二、采暖施工图识读要点

1. 建筑采暖系统施工图

一般采暖施工图分为室外和室内两大部分。本书主要介绍室内部分,室内部分表示一幢建筑物的采暖工程,包括设计与施工说明、平面图、系统图、详图和设备及主要材料明细表。

(1)设计和施工说明。采暖设计说明书一般写在图纸的首页上,内容较多时也可单独使用一张图。

(2)平面图。平面图是用正投影原理,采用水平全剖的方法,连同房屋平面图一起画出的。它是施工中的重要图纸,又是绘制系统图的依据。

(3)系统图。在采暖系统中,系统图用单线绘制,与平面图比例相同。系统图是表示采暖系统空间布置情况和散热器连接形式的立体轴测图,反映系统的空间形式。系统采用前实后虚的画法,表达前后的遮挡关系。系统图上标注各管段管径的大小,水平管的标高、坡度、散热器及支管的连接情况,对照平面图可反映系统的全貌。

(4)详图。采暖平面图和系统图难以表达清楚而又无法用文字加以说明的问题,可以用详图表示,详图包括有关标准图和绘制的节点详图。

(5)设备及主要材料明细表。在设计采暖施工图时,应把工程所需的散热器的规格和分组片数、阀门的规格型号、疏水器的规格型号以及设计数量和重量列在设备表中;把管材、管件、配件以及安装所需的辅助材料列在主要材料表中,以便做好工程开工前的准备。

2. 室内采暖平面图

(1)图示内容。

1)暖气入口的位置。

2)水平干管(包括供供水和回水干管)及直观的平面布置、管径和标高。

3)立管的位置和标高。

4)散热器的位置、片数和安装方式。

5)阀门、固定支架、伸缩器的位置(热水供暖)。

6)膨胀水箱、集气管等设备的位置(热水供暖)。

7)输水装置的位置(蒸汽供暖)。

(2)识读要点。建筑采暖平面图主要表明建筑物内采暖管道及采暖设备的平面布置情况,如图10-13所示。识读平面图时,要按底层、顶层、中间楼层平面图的识读顺序分层识读,重点搞清以下环节。

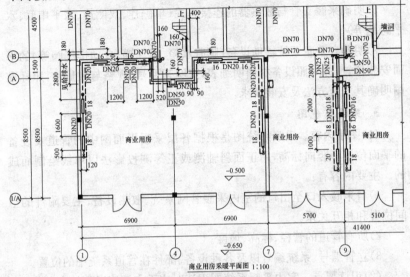

图10-13 某住宅楼首层底商局部平面图

1)采暖进口平面位置及预留孔洞尺寸、标高情况。

2)入口装置的平面安装位置,对照设备材料明细表查清选用设备的型号、规格、性能及数量;对照节点图、标准图,搞清各入口装置的安装方法及安装要求。

3)明确各层采暖干管的定位走向、管径及管材、敷设方式及连接方式。明确干管补偿器及固定支架的设置位置及结构尺寸。对照施工说明,明确干管的防腐、保温要求,明确管道穿越墙体的安装要求。

4)明确各层采暖立管的形式、编号、数量及其平面安装位置。

5)查看散热器的位置、数量、规格,确认其安装方式。散热器一般布置在窗台以下以明装为多,对于暗装形式安装的,通常在说明中注明。对照图例及施工说明,查明其型号、规格、防腐及表面涂色要求。当采用标准层设计时,因各中间层散热器布置位置相同而只绘制一层,而将各层散热器的片数标注于一个平面图中,识读时应按不同楼层读得相应片数。

散热器的安装形式,除四、五柱型有足片可落地安装外,其余各型散热器均为挂装。散热器有明装、明装加罩、半暗装、全暗装加罩等多种安装方式,应对照建筑图纸、施工说明予以明确。

6)明确采暖支管与散热器的连接方式(单侧连、双侧连、水平串联、水平跨越等)。

7)明确各采暖系统辅助设备(膨胀水箱、集气罐、自动排气阀等)的平面安装位置,并对照设备材料明细表,查明其型号、规格与数量,对照标准图明确其安装方法及安装要求。

3. 采暖系统图

(1)图示内容。采暖系统图是根据各层采暖平面图中的管道及设备的平面位置和竖向标高,用正面斜轴测或正等测投影法以单线绘制而成的。主要内容有:

1)自采暖入口至出口的室内采暖管网系统、散热设备、主要附件的空间位置和相互关系。

2)所有管道的管径、标高、坡度。

3)立管编号、系统编号以及各种设备、部件在管道系统中的位置。

(2)识读要点。室内采暖系统图识读时应重点搞清以下技术环节:

1)总管(供、回水)及其入口装置的安装标高。

2)各类管道的走向、标高、坡度、支承与固定方法、相互连接方式、管材及管径,与采暖设备的连接方法等。

3)明确各类管道附件的类型、型号、规格及其安装位置与标高;明确管道转弯、分支、变径等采用管件的类型、规格。

4)对照标准图,重点明确管道与设备、管道与附件的具体连接方法及安装要求。

5)在通过分片识读已经搞清分片系统情况的基础上,将各分片系统衔接成整体。务必掌握各独立采暖系统的全貌,搞清设备与管道连接的整体情况,明确全系统的安装细部要求。

图 10-14 所示为某办公楼的采暖系统图。

识读分析:

(1)从图中可以清晰地看到整个采暖系统的形式和管道连接的全貌及管道系统各管段的直径,每段立管两端均设有控制阀门,立管与散热器为双侧连接,散热器连接支管一律采用 DN15(图中未注)管子。

(2)供热干管和回水干管在进出口处各设有总控制阀门,供热干管末端设有集气罐,集气罐的排气管下端设一阀门,供热干管采用0.003的坡度抬头走,回水干管采用0.003的坡度低头走。

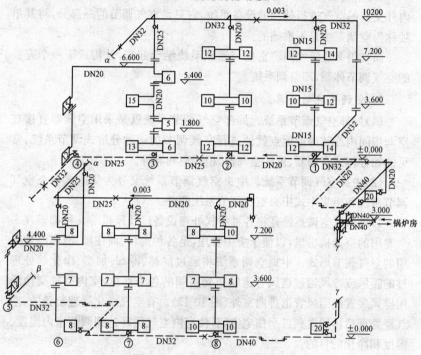

图 10-14　某住宅楼首层底商采暖系统图

第三节　空调施工图识读

一、空调系统的组成与分类

1. 空调系统的组成

空调系统是泛指对室内空气进行加温、冷却、过滤或净化后,采用气体输送管道进行空气调节的系统。包括通风系统,空气加温、冷却与过滤系统两类。在某些特殊空间环境中通风系统往往单独使用。

(1)通风系统。建筑通风包括排风和送风两个方面,从室内排出污浊的空气叫排风，向室内补充新鲜空气叫送风。通风系统可以分为自然通风和机械通风两种形式。

(2)空气加温、冷却与过滤系统。空气加温、冷却与过滤系统是对室内外交换的空气进行处理的设备系统，它只是空气调节的一部分，将其单独称为空调系统是不准确的。

而在很多建筑室内将它们与通风系统结合起来，就构成了一个完善的空气调节体系，即空调系统。

2. 空调系统的分类

(1)局部空气调节系统。局部空气调节系统就是采用空调器直接在空调房间内或其邻近地点就地进行空气调节的一种分散式调节系统，常见的如分体式空调器、窗式空调器、柜式空调器等。

(2)中央空气调节系统。中央空气调节系统又分为集中式中央空气调节系统和半集中式中央空气调节系统两种。

1)集中式空调系统是将各种空气处理设备以及风机等几种都设在一个专用的空调机房里，以便于集中管理，是各种商场、商住楼、酒店经常采用的空气调节形式。中央空调系统将经过加热、冷却、加湿、净化等处理过的暖风或冷风通过送风管道输送到房间的各个部位，室内空气交换后用排风装置经回风管道排向室外(图10-15)。有空气净化处理装置的，空气经处理后再回送到各个住宅空间，使室内空气循环达到调节室内温度、湿度和净化的目的。

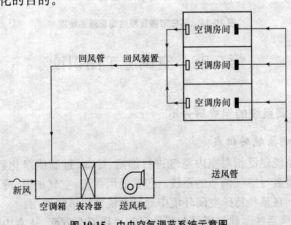

图10-15 中央空气调节系统示意图

2) 半集中式的中央空气调节系统则是除有集中的空调机房外,尚有分散在各空调房间内的二次处理设备,其中多半设有冷热交换器。

二、空调施工图识读要点

空调系统包括通风系统和空气的加温、冷却与过滤系统两个范畴,有时通风系统有单独使用的情况,但除主要设备外,一些输送气体的风机、管线等设备、附件往往是共用的,因此通风系统与空气的加温、冷却与过滤系统的施工图画法基本上是相同的,统称空调系统工程施工图。家庭住宅装修中主要接触的是空调工程平面图和空调工程安装详图。

1. 空调工程平面图

平面图有各层系统平面图、空调机房平面图等。

(1)系统平面图主要表明通风空调设备和系统管道的平面布置。其内容一般有:各类设备及管道的位置和尺寸;设备、管道定位线与建筑定位线的关系;系统编号;另外还要注明送、回风口的空气流动风向,注明通用图、标准图索引号,注明各设备、部件的名称、型号、规格。

(2)空调机房平面图一般应反映下列内容:表明按标准图或产品样本要求所采用的"空调机组"类别、型号、台数,并注出这些设备的定位尺寸和长度尺寸。图10-16所示为某建筑空调系统平面图。

识读要点:

(1)空调工程平面图中一般采用中粗实线绘制墙体轮廓;用细实线绘制门窗;使用细单点长画线绘制建筑轴线,并标注房间尺寸、楼面标高和房间名称等。

(2)根据空调系统中各种管线、风道尺寸大小,由风机箱开始,采用分段绘制的方法,按比例逐段绘制送风管的每一段风管、弯管、分支管的平面位置,并标明各段管道的编号、坡度等。用图例符号绘出主要设备、送风口、回风口、盘管风机、附属设备及各种阀门等附件的平面布置。

(3)导风板、调节阀门、送风口等及其型号、尺寸、进出风口空气的流动方向。

(4)图样中应注写相关技术说明,如设计依据、施工和制作的技术要求、材料质地等。

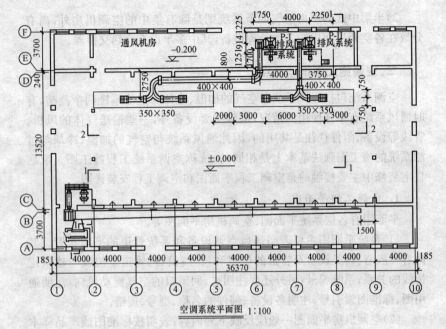

图 10-16　某住宅空调系统平面图

2. 空调工程安装详图

将各种空调构件、设备及附件的制造和安装结构用较大的比例（1∶5、1∶10、1∶20 等）绘制出来的图样，称为安装详图。

空调系统中通风管件的安装是经常性施工项目，风管、吊架安装详图也是比较常见的，详图中一般都标注详细的安装尺寸，它是风管安装的依据。风管、吊架安装详图如图 10-17 所示。

除通风部分的管道以外，多数空调工程安装详图都比较复杂。如厂家提供的各种设备详图、空调机房安装详图、设备基础详图等，这类设备图样基本上都是按照机械制图标准绘制的，识读时应予以注意。还有各专业安装标准详图的图集供选用，绘制施工图时不必再画相关详图，只在图中标明详图索引符号即可。

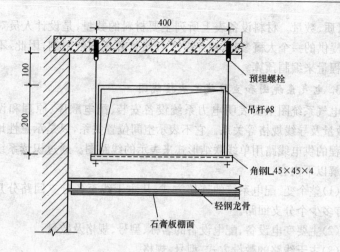

图 10-17　风管、吊架安装详图

第四节　电气施工图识读

一、电气施工图概述

(一)电气施工图概念

在建筑施工中,用电设备的种类和数量很多,而这些设备的位置、规格、形状、数量又很大程度上影响着建筑装饰的效果,因此,在装饰施工图中,电器施工图占据着很重要的位置。

(二)电气施工图的组成

1. 设计说明

在电气施工图中,设计说明一般包括供电方式、电压等级、主要线路敷设形式及在图中未能表达的各种电气设备安装高度、工程主要技术数据、施工和验收要求以及有关事项等。

设计说明根据工程规格及需要说明的内容多少,有的可单独编制说明书,有的因内容简短,可写在图面的空余处。

2. 主要设备材料表

列出该工程所需的各种主要设备、管材、导线管器材的名称、型号、规格、材质、数量。材料设备表上所列主要材料的数量,是设计人员对该项工程提供的一个大概参数,由于受工程量计算规则的限制,因此,不能作为工程量来编制预算。

3. 电气系统图和主接线二次接线图

电气系统图主要表明电力系统设备安装、配电顺序、原理和设备型号、数量及导线规格等关系。它不表示空间位置关系,只是示意性地把整体工程的供电线路用单线联结形式来表示的线路图。通过识读系统图可以了解以下内容:

(1)整个变、配电系统的连接方式,从主干线至各分支回路分几级控制,有多少个分支回路。

(2)主要变电设备、配电设备的名称、型号、规格及数量。

(3)主干线路的敷设方式、型号、规格。

二次接线图(也叫控制原理图)主要表明配电盘、开关柜和其他控制设备内的操作、保护、测量、信号及自动装置等线路。它是根据控制电器的工作原理,按规格绘制成的电路展开图,不是每套施工图都有。

4. 电气平面图

电气平面图一般分为变配电平面图、动力平面图、照明平面图、弱电平面图、室外工程平面图,在高层建筑中有标准层平面图、干线布置图等。

电气平面图的特点是将同一层内不同安装高度的电气设备及线路都放在同一平面上来表示。

通过电气平面图的识读,可以了解以下内容:

(1)了解建筑物的平面布置、轴线分布、尺寸以及图纸比例。

(2)了解各种变、配电设备的编号、名称,各种用电设备的名称、型号以及它们在平面图上的位置。

(3)弄清楚各种配电线路的起点和终点、敷设方式、型号、规格、根数,以及在建筑物中的走向、平面和垂直位置。

5. 控制原理图

控制电器是指对用电设备进行控制和保护的电气设备。控制原理图是根据控制电器的工作原理,按规定的线段和图形符号绘制成的电路展开图,一般不表示各电气元件的空间位置。

控制原理图具有线路简单、层次分明、易于掌握、便于识读和分析研究的特点,是二次配线的依据。控制原理图不是每套图纸都有,只有当工程需要时才绘制。

识读控制原理图应掌握不在控制盘上的那些控制元件和控制线路的连接方式。识读控制原理图应与平面图核对,以免漏算。

6. 构件大样图

凡是在做法上有特殊要求,没有批量生产标准构件的,图纸中有专门构件大样图,注有详细尺寸,以便按图制作。

7. 标准图

标准图是一种具有通用性质的详图,表示一组设备或部件的具体图形和详细尺寸,它不能作为独立进行施工的图纸,而只能视为某项施工图的一个组成部分。

二、图形符号和文字符号

部分电气工程与照明施工图常用的图形符号见表 10-3;室内电器照明系统中常用的文字及符号含义见表 10-4。

表 10-3　　　　电气工程与照明施工图常用的图形符号

序号	名称	图形符号	序号	名称	图形符号
1	控制屏、控制台		8	交流配电线路	
2	电力配电箱(板)		9	交流配电线路	
3	照明配电箱(板)		10	交流配电线路	
4	事故照明配电箱(板)		11	交流配电线路	
5	多种电源配电箱(板)		12	壁灯	
6	熔断器		13	吸顶灯(天棚灯)	
7	交流配电线路		14	墙上灯座(裸灯头)	

(续)

序号	名称	图形符号	序号	名称	图形符号
15	灯具一般符号		31	带接地孔暗装单相插座	
16	单管荧光灯		32	带接地孔明装三相插座	
17	拉线开关		33	三管荧光灯	
18	明装单极开关		34	风扇一般符号	
19	暗装单极开关		35	向上配线	
20	单极双控开关		36	向下配线	
21	暗装双控开关（单相三线）		37	管线引向符号	
22	明装双极开关		38	管线引向符号	
23	暗装双极开关		39	接地、重复接地	
24	明装三极开关		40	带接地孔暗装三相插座	
25	暗装三级开关		41	具有单极开关的插座	
26	双极双控开关		42	带防盗盒的单相插座	
27	带防盒单级开关		43	母线和干线	
28	明装单相插座		44	接地或接零线路	
29	暗装单相插座		45	接地装置（有接地极）	
30	带接地孔明装单相插座				

表 10-4　　　　　　　　　　室内电气照明常用文字符号

序号	类别	文字符号	含义	文字符号	含义
1	电光源种类	Ne	氖灯	EL	电发光灯
		Xe	氙灯	ARC	弧光灯
		Na	钠灯	FL	荧光灯
		Hg	汞灯	tR	红外线灯
		I	碘钨灯	UV	紫外线灯
		IN	白炽灯	LED	发光二极管
2	灯具	P	普通吊灯	G	工厂一般灯具
		B	壁灯	Y	荧光灯灯具
		H	花灯	G(或专用)	隔爆灯
		D	吸顶灯	J	水晶底罩灯
		Z	柱灯	F	防水防尘灯
		L	卤钨探照灯	S	搪瓷散罩灯
		T	投光灯	W	无磨砂玻璃罩万能型灯
3	线路敷设部位	B	梁	SC	吊顶
		P	地面(板)	C	柱
		W	墙	CE	顶
4	灯具安装方式	X	自在器线吊灯	W	弯上
		X1	固定线吊灯	T	台上安装式
		X2	防水线吊灯	DR	吸顶嵌入式
		X3	人字线吊灯	BR	墙壁嵌入式
		L	链吊灯	J	支架安装式
		G	管吊灯	Z	柱上安装式
		B	壁装灯	ZH	坐装式
		D	吸顶灯		

(续)

序号	类别	文字符号	含义	文字符号	含义
5	线路敷设方式	E	明敷	MR	金属线槽配线
		SC	钢管配线	CT	电缆桥架
		P	硬塑料管配线	M	钢索配线
		C	暗敷	F	金属软管配线
		T	电线管配线		
6	导线型号	BX(BLX)	钢(铝)芯橡胶绝缘线	BVR	铜芯塑料绝缘软线
		BXR	铜芯橡胶绝缘软线	BV(BLV)	钢(铝)芯塑料绝缘线
		BVV	钢芯塑料绝缘线	RVS	铜芯塑料绞型绝缘软线
7	设备型号	XRM	嵌入式照明配电箱	FU	熔断器
		XXM	悬挂式照明配电箱	QS	断路器
		KA	瞬时接触继电器	QS	隔离开关
8	其他辅助文字符号	E	接地	N	中性线
		PEN	保护接地与中性线共用	AC	交流
		PE	保护接地	DC	直流

三、电气工程施工图识读要点

电气安装工程施工图除了少量的投影图外,主要是一些系统图、原理图和接线图。对于投影图的识读,关键是解决好平面与立体的关系,即搞清电气设备的装配、联结关系。对于系统图、原理图和接线图,只表示各种电气设备、部件之间的连接关系,因此,识读电气施工图必须按以下要求进行:

(1)要很好地熟悉各种电气设备的图例符号。在此基础上,才能按施工图主要设备材料表中所列各项设备及主要材料分别研究其在施工图中的安装位置,以便对总体情况有一个概括了解。

(2)对于控制原理图,要搞清主电路(一次回路系统)和辅助电路(二次回路系统)的相互关系和控制原理及其作用。控制回路和保护回路是为主电路服务的,它起着对主电路的启动、停止、制动、保护等作用。

(3)对于每一回路的识读应从电源端开始,顺电源线,依次通过每一电气元件时,都要弄清楚它们的动作及变化,以及由于这些变化可能造成的连锁反应。

(4)仅仅掌握电气制图规则及各种电气图例符号,对于理解电气图是远远不够的。必须具备有关电气的一般原理知识和电气施工技术,才能真正达到看懂电气施工图的目的。

四、变配电工程施工图识读要点

1. 一次回路系统图

一次回路是通过强电流的回路,又称主回路。由于单线图具有简洁、清晰的特点,所以一次回路一般都采用单线图的形式。

图 10-18 为以单线图表示的变电所一次回路系统图。

识读分析:

(1)从该系统图上可以清晰地看出该变电所的一次回路是由三极高压隔离开关 GK、油断路器 YOD、两只电流互感器 LH_a、LH_c、电力变压器 B、自动开关 ZK 以及避雷器 BL 等组成。

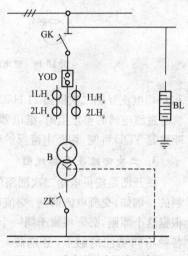

图 10-18 变电所一次回路系统图

(2)图中表明了各电气设备的连接方式,而未表示出各电气设备的安装位置。

2. 二次回路原理接线图

二次回路原理接线图是用来表达二次回路工作原理和相互作用的图样。在原理接线图上,不仅表示出二次回路中各元件的连接方式,而且还表示了与二次回路有关的一次设备和一次回路。这种接线图的特点是能够使读图者对整个二次回路的结构有一个整体概念。二次回路原理接线图也是绘制二次回路展开图和安装接线图的基础。图 10-19 为变压器过电流保护二次原理接线图。

识读分析:由图看出 LJ 是过电流继电器,它的线圈分别串接在 A 相

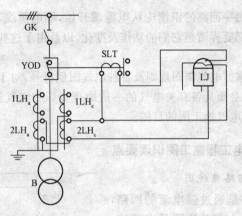

图 10-19　过电流保护二次原理接线圈

和 C 相电流互感二次回路 $2LH_a$、$2LH_c$ 中,组成了电流速断保护,即当电流超过继电器的整定值时,继电器的常开触点闭合,接通跳闸线圈而使油断路器 YOD 跳闸,切断电流保护变压器。

3. 二次回路展开接线图

展开图是按供电给二次回路的每一个独立电源来划分单元和进行编制的。例如,交流电流回路、交流电压回路、直流操作回路、信号回路等。根据这个原则,必须将属于同一个仪表或继电器的电流线圈、电压线圈和各种不同功能的触点,分别画在几个不同的回路中。为了避免混淆,属于同一个仪表或继电器的各个元件(如线圈、触点等)采用相同的文字标号。

图 10-20 为二次电流回路展开图。

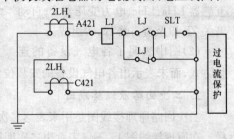

图 10-20　二次电流回路展开图

识读分析:从图中可以看出,每个设备的线圈和接点并不画在一起,而是按照它们所完成的动作一一排列在各自的回路中。

4. 安装接线图

为了施工和维护的方便,在展开图的基础上,还应绘制安装接线图,用来表达电源引入线的位置、电缆线的型号、规格、穿管直径;配电盘、柜的安装位置、型号及分支回路标号;各种电器、仪表的安装位置和接线方式。安装接线图是现场安装和配线的主要依据。安装接线图一般包括盘面布置图、盘背面接线图和端子排图等图样。

(1)盘面布置图。盘面布置图是加工制造盘、箱、柜和安装盘、箱、柜上电器设备的依据。盘、箱、柜上各个设备的排列、布置系根据运行操作的合理性并适当考虑到维修和施工的方便而安排的。

(2)盘背面接线图。盘背面接线图是以盘面布置图为基础,以原理接线图为依据而绘制的接线图,它表明了盘上各设备引出端子之间的连接情况以及设备与端子排间的连接情况,它是盘上配线的依据。

(3)端子排图。端子排图是表示盘、箱、柜内需要装设端子排的数目、型号、排列次序、位置以及它与盘、箱、柜上设备和盘、箱、柜外设备连接情况的图样。

5. 设备布置图

在一次回路系统图中,通常不表明电气设备的安装位置,因此需要另外绘制设备布置图表示电气设备的确切位置。在设备布置图上,每台设备的安装位置、具体尺寸及线路的走向等都有明确表示。设备布置图一般可分为设备平面布置图和立(剖)面图两种图样,它是设备安装的主要依据。

五、电气照明工程施工图识读要点

电气照明工程施工图,主要是表示电气照明设备、照明器具(灯具、开关等)安装和照明线路敷设的图样。电气照明工程施工图常用的有电气照明系统图、平面图和详图等。

(1)电气照明系统图。电气照明系统图主要是反映整个建筑物内照明全貌的图样,表明导线进入建筑物后电能的分配方式、导线的连接形式,以及各回路的用电负荷等。如图10-21所示为单元电表箱系统图。

(2)电气照明平面图。照明平面图实际就是在建筑施工平面图上绘出的电气照明分布图,图10-22为某住宅楼一至五层的动力照明平面图。

识读分析:

1)图上标有电源实际进线的位置、规格、穿线管径,配电箱的位置,配

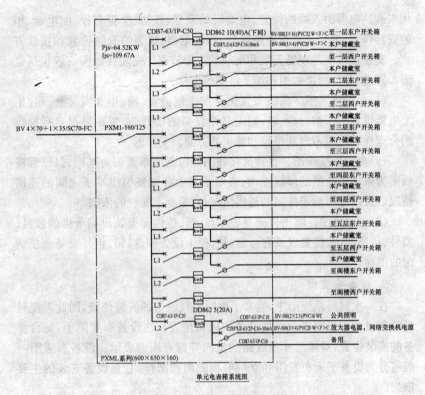

图 10-21 单元电表箱系统图

电线路的走向、干支线的编号、敷设方法、开关、插座、照明器具的种类、型号、规格、安装方式和位置等。

2)照明平面图内布置的电器有节能灯、吊扇、单联单控暗开关、双联单控暗开关、防水吸顶灯、调整开关、户内开关箱等。

(3)详图。施工详图是表达电气设备、灯具、接线等具体做法的图样。只有对具体做法有特殊要求时才绘制施工详图。一般情况可按通用或标准图册的规定进行施工。

电气照明工程施工图的识读步骤,一般是从进户装置开始到配电箱,再按配电箱的回路编号顺序,逐条线路进行识读直到开关和灯具为止。

第十章 相关专业施工图识读

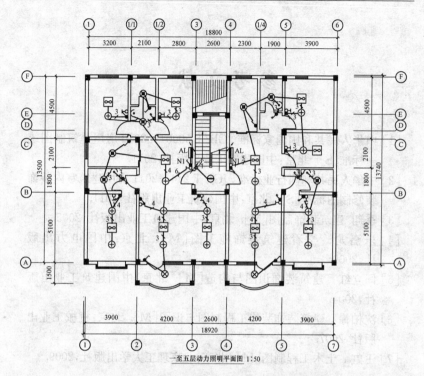

图10-22 某住宅楼一至五层动力照明平面图

六、动力工程施工图识读

动力工程是用电能作用于电机来拖动各种设备和以电能为能源用于生产的电气装置,如高、低压、交、直流电机,起重电气装置,自动化拖动装置等。动力工程由成套定型的电气设备,小型的或单个分散安装的控制设备(如动力开关柜、箱、盘及闸门开关等)、保护设备、测量仪表、母线架设、配管、配线、接地装置等组成。

动力工程的范围包括从电源引入开始经各种控制设备、配管配线(包括二次配线)到电机或用电设备接线以及接地及对设备和系统的调试等。

动力工程施工图和变配电工程施工图基本相同,主要图样有一次回路系统图、二次回路原理接线图、二次回路展开接线图、安装接线图、平面布置图及盘面布置图等。

参考文献

[1] 中华人民共和国国家标准.GB/T 50001—2010 房屋建筑制图统一标准[S].北京:中国建筑工业出版社,2011.

[2] 中华人民共和国行业标准.JGJ/T 244—2011 房屋建筑室内装饰装修制图标准[S].北京:中国建筑工业出版社,2011.

[3] 季翔.建筑装饰制图[M].北京:中国建筑工业出版社,2005.

[4] 乐嘉龙.学看建筑装饰施工图[M].北京:中国电力出版社,2009.

[5] 闫立红.建筑装饰识图与构造[M].北京:中国建筑工业出版社,2004.

[6] 沈柏禄.建筑装饰装修工程制图与识图[M].北京:机械工业出版社,2007.

[7] 王虹.土木工程制图[M].北京:北京理工大学出版社,2009.